自我的觉醒

解锁创伤下的力量

柏燕谊 著

台海出版社

图书在版编目（CIP）数据

自我的觉醒：解锁创伤下的力量 / 柏燕谊著 . -- 北京：台海出版社，2023.9（2024.7 重印）

ISBN 978-7-5168-3633-0

Ⅰ．①自… Ⅱ．①柏… Ⅲ．①成功心理—通俗读物Ⅳ．① B848.4-49

中国国家版本馆 CIP 数据核字 (2023) 第 167887 号

自我的觉醒：解锁创伤下的力量

著　　者：柏燕谊

出 版 人：蔡旭　　责任编辑：俞滟荣

出版发行：台海出版社

地　　址：北京市东城区景山东街 20 号　　邮政编码：100009

电　　话：010-64041652（发行，邮购）

传　　真：010-84045799（总编室）

网　　址：www.taimeng.org.cn/thcbs/default.htm

E-mail：thcbs@126.com

经　　销：全国各地新华书店

印　　刷：天津鑫旭阳印刷有限公司

本书如有破损、缺页、装订错误，请与本社联系调换

开　　本：880 毫米 ×1230 毫米　1/32

字　　数：147 千字　　印　　张：6.5

版　　次：2023 年 9 月第 1 版　　印　　次：2024 年 7 月第 6 次印刷

书　　号：ISBN 978-7-5168-3633-0

定　　价：59.00 元

本书所列案例中的人名均为化名，案例情节已经过艺术化处理。
如有雷同，纯属巧合。

序言
PREFACE

你完全可以早一点，重新开始你的人生

多年以来，我一直记得那个走进我咨询室的女人。她已经四十五岁，没有结婚，没有孩子。她的母亲刚刚去世。去世前，母亲对她说："孩子，妈妈对不起你，是妈妈让你如此孤独。妈妈错了。妈妈爱你。"第一次咨询中，她表现出强烈的自杀倾向。她向我讲述了她和母亲全部的故事，从小时候的相依为命，到长大后的对立、互相折磨，再到母亲去世时她的痛不欲生。她的人生，牢牢地与母亲捆绑在一起，而她，将这一切定义为"爱"。

她说："这份爱，毁掉了我的一生。"我试图向她解释，现在说"一生"还为时过早，她还可以重新开始。可她不停地重复说："太晚了。"

万念俱灰，不过如此。这个案例，发生在我做心理咨询工作的初期。我对它印象深刻，是因为我清楚地记得，自己面对那深深的绝望时的无助感。

这种无助，逼得我不得不正视，一份"爱"可能会给它的承受者带来毁灭性的伤害。

我还曾接待过一位男性来访者。他是一名钢琴老师。因为钢琴，成绩平平的他考上了一所一类大学。从他小时候起，父母就节衣缩食为他攒钱，让他好好学琴。每次他想出去玩一会儿的时候，父母就会流露出失望的神情。当他不肯练琴时，父母便会打他。有一次把竹编的扫帚都给打散了。

如今早已长大成人的他，在我面前反复强调：父母是深爱着他的，他们把大部分收入都拿给他，让他学钢琴、参加各种比赛，他们把好吃的都留给他，自己却从来不舍得吃。

然而，他却没能如父母所愿成为著名的钢琴家。现在的他，只是一所重点学校的钢琴老师。他觉得非常内疚，于是他把所有的工资都上交给父母。虽然已三十多岁，但他依然不会搬出去住，因为他怕父母孤独伤心。没有女孩子愿意和他一起生活。即便有女孩接受他的生活状态，表示喜欢他，他也无法和女孩建立起亲密的感情。

为什么会这样呢？他说，如果我爱上别人，就意味着对父母的背叛，我会因此无法原谅自己。

还曾有一位中年“成功人士”，带着自己自杀过两次的儿子来做心理咨询。当着我的面，他痛斥儿子软弱、没出息。他说，他是在父母的打骂中长大的，父母的严格要求让他成为一个成功的人。于是他也以同样的方式教育儿子，想让他成为一个坚强的人，儿子却令他失望透顶。

我承认，我必须控制自己的情绪才不会当面驳斥这位父亲，请他离开我的咨询室。我始终忘不了，当那位父亲跟我数落儿子的种种不是时，坐在角落里的男孩那绝望的沉默。

心理咨询或许是一项奇怪的工作，它总是让人去看事物的"背后"。大多数人不愿意正视的东西，心理工作者却必须直面，然后，尽己所能，提出解决之道。

在多年的咨询生涯中，我产生了一种强烈的感受：每一个有心理问题的人，都认为自己是孤独的，他们不知道，这个世界上有太多的人陷于同样的困境，为同样的问题痛不欲生。

如果他们知道，有人承受着跟自己一样的痛苦，并且已经靠自己的力量掌握了解开这痛苦的密钥，对他们来说，这会不会是一种帮助?

大多数人都是感受着父母深重的爱而成长起来的。父母总是将他们认为最好的提供给孩子，用他们认为最好的方式对待孩子，在孩子身上寄予无限的期望。

可是，这样的爱，真的正确吗？父母保护你，不让你受到任何伤害；父母鞭策你，让你不断做到更好；父母帮助你，为你安排好了人生的每一步；父母将一切都给了你……你感到快乐吗？父母是真的爱你，还是通过爱你实现爱自己的目标？如果你面对的是一个这样的残酷事实——你并没有被父母真正正确地爱过，你该怎么办?

你不敢想，因为你不愿意相信你自己没有被真正正确地爱过。但是，你的灵魂一定知道，它很清醒。

所以，你痛苦。

所以，你放弃了快乐。

这，就是错误的爱。

每一个孩子都会渴望得到父母的关爱，这从来都不是一种罪过。每一个孩子都爱自己的父母，这从来无须怀疑。

所以，你无法洞察自己身上的伤口，甚至拒绝承认伤害的存在。

你和父母不断发生冲突，却又极度依赖父母，无法独立生活，一直痛苦不堪。

于是你否定自己的人生，认定自己的不幸福、父母的痛苦，都是源于自己的无能，却不明白真正的问题在何处。

你想好好去爱你的伴侣、你的孩子，却愕然发现，你不知道怎样去爱他们。你竭尽全力，希望以这份无私付出的爱去弥补自己曾经缺少的爱，可这份爱却被视为侵犯、视为控制，给你爱的人带去了伤害。

错误的爱，让人无法控诉，因为它以爱为名。

错误的爱，让人无法拒绝，因为我们不敢面对失去爱的恐惧。

可我必须大声说出我的观点，哪怕这样会招来责难。因为这么多年来，那个四十五岁女人“太晚了”的感叹，一直在我耳边回响。

我想，如果她能知道得早一点，反抗得早一点，也许，人生真的会重新开始。

这就是我写这本书的原因。我想将它送给身上带有因错误的爱造成隐形伤口的人们。每个人遭受到的错误的爱千差万别，要想寻求解脱，没有固定的模式。但我希望，这本书能让读它的人，握住一把钥匙，或者，努力去寻找那把钥匙。

更重要的是，即将或已经成为父母的我们，绝对不能将这种错误的爱，再施加于我们的子女。

让错误的爱的循环在我们这一代中断，让我们在治愈自己的同时，也治愈我们的下一代。

目录

CONTENTS

PART 01

重新认识你自己

PART 01

重新认识你自己

- 过上你真正想要的生活
- 告别彷徨，坚定地做你自己
- 为爱立界限，活出你自己的人生

01 过上你真正想要的生活

“这都是为你好”，这是父母最常说的一句话。

你从不曾怀疑这句话的真实性。

你竭尽全力，希望自己能“好”，你忘记了自己原本想过什么样的生活，

现在只为了令他们满意……

直到你忽然发现，你再也不能过上自己想要的生活。

你终于忍不住质问：真的是为我好吗？

雨薇已经记不得这是第几次被锁在家门外了。只要她超过晚上十点回家，哪怕只超过一分钟，无论是什么理由，都会被这样拒之门外。她知道，父亲一定没睡，甚至就坐在门口，但他不会给她开门。雨薇很想干脆走开，随便找哪个地方睡一晚，可是她不敢。

今年雨薇已经四十岁。她没有男朋友，甚至没有朋友。凡是跟她走得近一点的人，总是会被她父母挑出许多毛病，而她也会听从父母，逐渐地减少与他们来往。

从小，雨薇就是一个乖孩子。父亲是一家国企的工程师，或许是因为当过兵，他对女儿的一举一动、一言一行都有严格的要求："坐如钟、站如松"，洗澡不能超过十分钟，上厕所不能超过五分钟……雨薇有时候因为拉肚子在洗手间里待久了一点，父亲都会在门外提醒。雨薇上学以后，父亲经常去学校，叮嘱老师对她严格要求。有一次，雨薇在课间看小说，正好被父亲看到，父亲当即就没收了那本书，撕成两半。书是向同学借的，那个同学以后再也不肯借书给雨薇。

雨薇记忆中最刻骨铭心的事情，是有一次和父亲一起去外地看望亲戚，坐的是长途汽车。那车中途只会停一次让乘客上厕所，但是雨薇还小，不会憋尿，再加上上车前喝了一瓶饮料，所以很快又想上厕所。雨薇告诉父亲自己想上厕所，结果父亲回答："车上这么多人，不能专门为你一个人停车。谁叫你喝那么多水的，忍着！"雨薇一直忍到了下车。下车后她狂奔向车站的厕所，却怎么也尿不出来了。她躲在厕所里，无声地哭着，绝望地用头撞墙，却始终没有把这件事情告诉父亲。但有一次，她居然还听到父亲以此为例向别人夸奖她，说她多么懂事，自控能力多强。雨薇板着脸，无声地走进了房间，她感到深深的耻辱，恨不得一死了之。

她决心远离这个家。为此，雨薇只能拼命读书。初中时她考上了重点中学，寄宿，每周只能回家一次。中学六年，别的同学都盼着父母探望，只有雨薇一看到父亲的身影竟会紧张得发抖。父亲每次去学校都不会事先跟雨薇打招呼。雨薇总觉得，他还是会像小学时那样，忽然出现在自己面前，把她手里的书撕得粉碎。不知为什么，父亲总能和老师建立起良好的关系，老师甚至将父亲当成了家长重视孩子教育的典范，还不时在班上提起。每次听老师提到父亲，雨薇总感到一种莫名的烦躁、头痛，想去撞墙。她下定决心，要考上一所离家最远的大学。

雨薇差一点就如愿以偿。高考成绩出来，她考得不错，于是决定报考厦门大学，她只知道那个地方在地图上的一角，够远、温暖潮湿、有宽阔的海。她原本打算偷偷地填志愿，谁知道老师打电话通知了父亲。父亲在家暴跳如雷，说雨薇这样做是背叛父母，自毁前程。这次，雨薇鼓起勇气反抗，她离家出走，住进了同学家。

后来，母亲不知道从哪里打听到雨薇的住处，找到了她。母亲告诉雨薇，父亲因为血压突然升高住进了医院。母亲哭着，恳求雨薇听父亲的话，把志愿改了。

母亲说："等你自己当了父母，才能明白你爸爸的一片苦心，他都是为你好啊。你是他这辈子最爱的人，世界上只有他是一心为你着想，永远不会害你的，你要相信他！”

雨薇动摇了，她买了一束花，去医院看了父亲。父亲铁青着脸，没有跟雨薇说一句话，也没提让她改志愿的事，只说：“女儿大了，留不住了，随她去吧。”雨薇心如刀割。

雨薇最终上了一所本地的大学。后来她才知道，其实就算她不改志愿，也去不成厦门大学，因为父亲暗中拿走了她的学籍卡。可雨薇并没有觉得愤怒，她想：“也许父亲真的是为我好吧。”

从那以后，雨薇再也没有反抗过父亲。大学毕业后，她依照父亲的安排进了一家国企。工作、生活都平淡无奇。她谈过几次恋爱，但全都无疾而终。有一次，她和一个不错的男人交往，当她说自己要在十点钟门禁之前赶回家时，对方露出的诧异眼神让她觉得屈辱，于是再也没有联系过。

雨薇觉得，也许自己就只能这样过一生，有什么不好吗？只是近来这段时间，她走路经常跌倒。她恍惚觉得，自己并不是用自己的脚在走路，而是有人用绳子牵着。雨薇本来没当回事，可前几天，她直接从楼梯上摔了下去，腰上腿上都摔得乌青。去看医生，医生听了雨薇的情况也觉得有些奇怪，只叮嘱她好好休息。可是，现在，当雨薇站在紧闭的门外，她突然间万念俱灰地明白了：原来，她在内心深处，一直想杀死自己。

把控制说成爱，是世界上最大的谎言

“我都是为你好！”，这是父母经常对孩子说的一句话。

在这句话的背后，却常常藏着父母对孩子的种种控制。

请不要以为我是在夸大其词，雨薇的故事，只是我多年来千百例心理咨询中的一例。

我曾接待过一位年近五十的刘女士，她的父亲刚刚去世。她是看了电视节目，最终找到我的。她对我说：“我不知道自己为什么来找你，可能这一切都没有什么意义，因为我的人生已经是一片废墟了。”

刘女士的父亲是一名高级知识分子，在自己工作的领域享有很高的声誉。外界对他的评价很高，他带过的学生也无不称赞他治学严谨、平易近人。但这位父亲，对待家人却非常粗暴。她的母亲是一位家庭妇女，父亲就是母亲的天与地，她对丈夫从没有任何反抗，默默地走完了一生。当然，她也从未插手过女儿的教育，而是将这一责任全权交给了丈夫。

刘女士回忆，父亲对她的教育是简单粗暴的：握笔的姿势不对，要打；吃饭的时候没有吃净饭粒，筷子对着脑袋就是一下；一次因为对客人没有礼貌（她实在说不清自己哪里没有礼貌），父亲伸手就给了她一记耳光，之后的好几天，她的耳朵都嗡嗡作响。

讽刺的是，在父亲这样的教育下，她居然也长成了一个别人眼中很优秀的人。大学毕业以后，她找到了一份不错的工作，也顺利地与单位的同事恋爱结婚。父亲并不赞同她的婚事，但也没有理由反对。她以为，她终于可以开始新的生活了。

然而，她的婚姻生活并不如想象中的美满。丈夫忍受不了她的一些生活习惯，她也看不惯丈夫的大大咧咧，两人矛盾不断，三年不到就离了婚，她主动提出孩子跟随丈夫，自己搬回去跟父亲一起住。

她说："柏老师，您相信吗？那么多年，尽管我特别特别地想念孩子，却从来也不跟孩子联系。孩子二十岁生日那天，我买了一个蛋糕，骑着自行车给她送过去，从城北到城南，只用了半个小时，放下蛋糕我掉头就走，一路上狠狠地踩着自行车，回到家里也只用了半个小时。那是我一生中最疯狂的行程了。回去的路上，我真恨不得自己被车撞死。"

我问她为什么要这样，为什么不跟孩子见面，哪怕是说一句话。

她回答我："柏老师，我害怕。我害怕自己控制不住，会像父亲对我那样对孩子。在我结婚的那几年里，我最恐惧的事就是发现我像父亲。我受不了我丈夫吃饭的时候筷子上粘着饭粒，我受不了孩子不把奶瓶里的奶喝干净，受不了她弄脏衣服。丈夫上厕所喜欢拿一本书进去看，一上就是很长时间。在那段时间里，我就会如坐针毡，很不舒服。有一次我和丈夫大吵一架，起因只是他洗碗以后没把碗放在正确的位置……我觉得我有病，所以我不能接近孩子，我怕会毁了孩子的一生。"

这份恐惧，常人难以理解。这份恐惧，却又那样真实。

很多咨询者会在咨询室里哭泣，宣泄他们被压抑已久的情绪。但这位女士，在说起自己的故事时，自始至终都是那样平静。她一直在重复一句话："我的心已经死了。"

我问她："为什么你离婚以后要和父亲一起住？难道你没想过自己独立生活？"

她说："这种情感你可能无法理解，我是父亲教育出来的，我对他有责任。我妈妈去世以后，他很孤独，脾气又坏，赶走了十几个保姆，除了我没人受得了他。我只能照顾他，直到他死。"

其实，对刘女士的选择，我并不觉得意外。

就像雨薇，她也曾经试图反抗，最后却发现，还是生活在父亲的控制之下，最为省力和安全。

父亲对她们的控制，深入骨髓，最后，已经成了她们生活中的一部分。

从小到大，我们听过多少句类似的话？

"我都是为你好。"

"爸妈绝对不会害你。"

"你长大了，自己当了父母，就会明白我们的苦心。"

可事实真的如此吗？

每个人都有控制欲。如果是陌生人试图控制我们的行为，我们一定会反抗。

可是，当控制者是父母，受控者是子女，这种控制就变得隐蔽，同时也更为强大。

最深刻的控制是精神上的控制。

最无形的控制是让你与控制者成为一体。

最可怕的控制是你心甘情愿被控制，用自己的人生，满足控制者。

因为你无法战胜自己内心最强烈的恐惧：挣脱控制，就会失去爱。

抛开“合理化作用”，认识真实的自我

在我的咨询者中，有一位中年男士，他是送自己的儿子来心理咨询，但最后发现，原来自己也需要心理咨询。

这位男士称得上是成功人士，事业有成，家庭美满。他人生中唯一的问题就是他的儿子。儿子今年才十六岁，但已经自杀过两次。他尝试了一切教育的办法，甚至曾经想把儿子送进精神病院。

对我而言，他儿子的问题很明显。因为这位男士一直在对孩子进行着所谓“斯巴达”式的精英教育，甚至要求孩子在冬天洗冷水澡。孩子达不到要求，他便会进行打骂。

但是，这位父亲却并不认为自己的行为有任何错误。

他说：“家长如果不严格要求，孩子怎么会有出息？”

我问他：“所以，你认为这种教育方式是正确的？”

他回答：“无所谓正确不正确，反正我家祖祖辈辈就是这样教育孩子的，我妈妈也是这样教育我的。我小时候也恨过她，但自己做了父亲以后理解了她。”

原来，这位男士自己从小就在母亲的严厉控制下长大。母亲掌握着家里的一切事务，包括为他和他父亲的行为定下一系列准则，比如晚上不论几点睡觉，早上起床的时间不能晚于六点半，如果起晚了，妈妈就会埋怨唠叨一整天，给父子俩造成巨大的精神压力。从小到大，母亲掌控着他生活中的一切细节，包括穿什

么样的衣服，搭配什么样的鞋子，剪什么样的发型，去哪里该坐几路车。他只要稍有违背，母亲就会伤心难过，抱怨不停。

“但是，母亲是爱我的。如果没有她对我的严格要求，我也无法取得今天的成就。”他说。

有趣的是，即使这位男士一再强调自己已经“理解”了母亲，但在他的表述间，还是流露出对母亲的种种不满。他说，母亲一直对他的成就嗤之以鼻，认为他做得再好也是自己教导有方，是理所应当的；反过来，如果有什么事情他没做好，就是因为他对自己要求不严，违背了母亲的标准。

这位男士的表现，是一种很典型的“合理化作用”。

我认为，他其实根本没有像他自己所说的那样，理解并原谅了母亲，只是为母亲的不合理行为找到了一个合理的借口，也用这个借口安慰了自己，令自己受伤的感觉不再那么强烈。

在与他的交谈中，我逐渐了解到，他的母亲出生在一个旧式大家庭，父亲有好几房妻子，每房都各有子女，而母亲的生母在她出生不久就离开了人世。

因此，母亲必须将自己的一切行为规则化，这是她不受到责罚的唯一有效办法。

同时，因为身处那样一个庞大复杂的家庭当中，母亲极度缺乏被别人需要的感觉，她很难从亲人身上感受到自己存在的价值。于是当她成年、有了自己的家庭，便会无意识地刻意强调自己的重要性。

这所有的行为背后，透露出母亲害怕受到惩罚的恐惧，以及需要被别人认可、需要被爱的巨大情感需求。

然而，或许是因为时代的局限，这位母亲没有机会理清自己的情感，更无法治愈自己的伤痛，于是，她成了一位苛刻、唠叨、怨气十足、控制欲极强的母亲。

当这位男士意识到，强有力地掌控着一切的母亲原来竟是如此软弱，他潸然泪下。

而更令他遗憾的是，他从未意识到，原来自己的内心深处，仍然活着一个战战兢兢、害怕受到惩罚的孩子，而他自认为正确的教育理念，实际上是将自己受过的伤害，又再传递到自己儿子的身上。

心理角色的定位决定了你处理问题的方式

“柏老师，我今天要在回去的路上买枚避孕套。”

“为什么？”（我的问话有两层意思：1. 你为什么要买一枚避孕套；2. 你为什么要特意告诉我这个。）

“昨天我妈趁我洗澡的时候，又把我的包翻了个底朝天。所以我要买一枚避孕套放进去，让她知道害臊。”

“你怎么能确定你妈妈翻过你的东西？”

“因为我的钱包里多出了几百块钱。并且，我也直接问了她。她承认了，说怕我没有零花钱。她总是把我当成一个会犯错的孩子！”

“那么，你在目前没有稳定情感关系的状态下，往自己的包里放一枚避孕套，你认为你妈妈会怎么看？”

“她会知道我很反感她的做法，以后不会再翻我东西了。”

“但我认为，你这样做，是给了你妈妈一个更好的借口，以后可以光明正大地翻你的东西。因为，你就像她想的一样，是一个会犯错的孩子。”

“那你说怎么办？就让她翻吗？我就不能有隐私吗？我又不缺钱，也不需要她照顾我！而且这是什么照顾，这就是赤裸裸的侵犯，赤裸裸的控制！”

这是我和一位来访者的一段谈话。如果不加以说明，你很难想象，这样的情形，竟发生在一个三十三岁的女儿和一个五十六岁的母亲之间。

因为，这位女儿处理问题的方式，不像一个成年人，而像一个叛逆期的孩子。

在发生的事件当中，你让自己站在什么位置上，你就会有与之相应的情感态度和行为反应。这就是角色定位。

我们对与我们交往的情感对象的定位不同，我们所期待的交流方式和结果也就会不同。对于陌生异性，我们不会因为他们没有亲吻我们而失落；对于自己的孩子，我们不会因为他们犯了错误而仇恨他们；对于弱者，我们不会因为他们无法给自己提供帮助而怨恨他们。

我们不仅对我们的交往对象进行角色定位，我们也在给予自己角色定位。

显然，翻包事件中的女儿就把自己定位在青春期与母亲叛逆抗衡的弱势角色上，同时也将母亲定位在控制得逞的强势角色上。

正是这样一个心理角色的定位，导致她无法释然地看待母亲翻包的行为，更无法对此正确地处理。

当心理角色定位混乱时，比较容易犯的一个错误就是：我们会因为被父母剥夺了成长的权利，而自动顺应父母潜意识里不愿意让我们长大的动机，习惯性地用儿童化的思维模式去看待事物和处理问题（这在心理学上被称为投射认同）。

当然，我不是说母亲翻包的行为就是正确的，但很显然，母亲还没有意识到自己的行为是错误的，更没有把这类行为和控制联系在一起。如果我们试图让这类母亲承认自己的错误，无异于让盐承认自己是甜的。

总是控制自己孩子的父母之所以会是这样的心理状态，并不是他们想故意伤害自己的孩子，而是他们在自己的成长过程中也经历了诸多伤害，这造成他们无法以正确的视角看待自己的行为。如果我们一定要与父母这样的行为直接抗衡，一定要和父母弄清楚这类行为的对错，那就相当于再一次把自己卷进深深的关系控制的旋涡当中。

很大程度上，我们赋予了别人控制我们的权力。

重新诠释受伤经历，踏出自我觉醒第一步

美国一位优秀的心理学家苏珊·福沃德撰写了《中毒的父母》一书，书中曾经提到过“对峙”这个方法——让受到伤害的成年人直接对父母控诉他们的行为给自己带来的伤害体验。

我曾经赞同她的提议，但随着工作经历的增加，我现在倾向于认为，“对峙”在中国的社会文化环境当中，尤其是在受到父母“以爱为名”这种特殊伤害的人群中，并不是那么适用。

想象一下，我们能否对父母发出这样的呵斥？

你们剥夺了我的成长，你们控制了我的人生自由，你们是我无法幸福生活的元凶，而你们所做的这一切都被包裹在爱的名义下，我无法拒绝，别人也无法洞察我的痛苦。一旦我对你们的种种控制行为有什么反抗，我就会被加上“身在福中不知福”“白眼狼”“不懂得感恩”这样的罪名。所以我只能一个人承受这样巨大的痛苦！我恨你们，因为你们用爱的方式操控了我的灵魂！

我并不是说这样的呵斥、指责有何不对，而是实操性较低。我们习惯于压抑自己的真实情感，更容易接受权威观点和顺从权威的控制。

而且，以爱为名的控制行为不同于一般的行为，它携带了巨大伤害，也携带着强大的爱的信息。每一个经历过这种伤害的成年人，都会因为自己没有实现父母曾经的期待，而对父母的付出与爱产生巨大的亏欠感。

内心饱含着这么沉重的愧疚与自责，这些受伤的孩子又怎会有勇气去面对真实的伤害源，去指责给自己带来伤害的父母？

我认为，比“对峙”更为适用的方法，除了“角色定位”之外，还有“角色调换”。

什么样的人才会在别人未许可的情况下合法地翻别人的东西？

孩子。

我们小时候或许都很喜欢翻妈妈的包包，在翻看的过程当中，我们体会着成年人的神秘与快乐。从本质上来讲，这是对于自我成长的一种渴望。我们也通过这样的行为去释放对于妈妈不在身边陪伴自己而产生的焦虑情绪。

同时，翻包行为还蕴含着这样一种情感转移：我无法控制妈妈是否在我身边，但我通过掌握妈妈生活中除我以外的那部分内容，完成对妈妈行踪的参与，最终达到控制妈妈行为（不离开自己）的目的。

如果用孩子翻包的心理动机去理解妈妈现在翻成年女儿的包的行为动机，那就是：妈妈内心如一个幼稚的孩子，需要通过翻看女儿的包来感受年轻人的生活，释放因女儿不在自己身边，不知道女儿在做什么而产生的焦虑，同时也因此获得对女儿行踪的控制感。

也就是说，妈妈这一行为在某种意义上是如孩子般无助的不恰当行为。我们看到了妈妈的无助，也看到了妈妈对于失去女儿的恐惧。

但是，妈妈是不会这么理解自己的行为的，她为了不让自己看到被自己的行为所隐藏起来的焦虑、恐惧，她会把这一行为诠释为对女儿的关心和爱护。

妈妈怎么解释这一行为，对于孩子来说并不是很重要。因为，人出于自我保护的本能，一般不会直接说出内心最恐惧的东西。

也就是说，并不是妈妈因不想说而故意隐瞒，而是她的内心自我保护机制在自动工作，她自己都不会让自己知道。

但是，当孩子长大成年后，洞悉了妈妈的动机，还会如此愤怒吗？

如果从这个角度去看问题，我们就会发现，妈妈的控制令孩子产生的无助感大大减弱，并且还因此感受到了自己存在的价值和意义。

如何设置自己在冲突中的角色定位，是我们实现自我疗愈的一个基础。

虽然父母并不会因为你的领悟和理解而改变他们的行为模式，但你可以通过“角色调换”的方式来对待“外强中干”的

“爱控制”的父母。这种行为，能够让自己那在父母控制下缺失的自信、自尊获得部分的补偿。

我们告诉每一个父母，对待孩子要无条件地爱，但我们忽略了一点，我们对父母更加应该无条件地爱。而当这样的爱能够作用在自己和父母的关系当中的时候，我们既不是一味地承受父母给予的以爱为名的控制带来的伤害，也不是无助地对抗父母的控制。我们会因为看懂了父母的软弱，而给予他们真正的理解和接纳，并把自己以往接受父母控制而受伤的过程，诠释为爱父母、为父母奉献的无意识过程。

这样一来，我们虽然不能够带给父母真正的幸福、荣耀、轻松（父母自己定义的好孩子标准），但我们可以因为我们的存在，而让他们在某种层面远离焦虑、恐惧、压力。

作为一个人，与寻找快乐相比，远离痛苦是更加迫切和必要的。当我们用这样的方法给自己的经历做了诠释之后，我们曾经对自己人生的痛苦解读便会就此远去。

“

最深刻的控制是精神上的控制。

最无形的控制是让你与控制者成为一体。

最可怕的控制是你心甘情愿被控制，用自己的人生，满足控制者。

因为你无法战胜自己内心最强烈的恐惧：挣脱控制，就会失去爱。

很大程度上，我们赋予了别人控制我们的权力。

”

“

我们告诉每一个父母，对待孩子要无条件地爱，但我们忽略了一点，我们对父母更加应该无条件地爱。而当这样的爱能够作用在自己和父母的关系当中的时候，我们既不是一味地承受父母给予的以爱为名的控制带来的伤害，也不是无助地对抗父母的控制。

我们会因为看懂了父母的软弱，而给予他们真正的理解和接纳，并把自己以往接受父母控制而受伤的过程，诠释为爱父母、为父母奉献的无意识过程。

”

CHAPTER 02

告别彷徨，坚定地做你自己

父母总是严格要求你。

当你取得成绩时，

他们说：“不要骄傲！这不算什么！你离最好还很远！”

你发现，

无论如何你都达不到他们的期望。

你开始觉得自己无能，

自己的不快乐，父母的不幸福，

似乎都是你的错……

刘茜出生在一个高级知识分子家庭，爸爸是某区法院院长，妈妈是某理工大学的教师。父母的感情并不是很好，虽然从不吵架，但也很少交流。爸爸每天下班回家，吃过饭便会去书房看报纸，对刘茜的教育更是毫不关心。

也许正是因为爸爸不管，所以，刘茜的妈妈对她要求很严。刘茜上小学的时候，成绩几乎每次都是全班第一。但是，妈妈从不会因此表扬她，因为在妈妈的心里，孩子不能夸，一夸就骄傲了。“她就是考试发挥得好而已，其实学的知识还差得远呢。”“才上小学，现在的成绩不能说明什么问题。”“其实她就是比别人稍微专心一点，算不了什么的。”当邻居们对妈妈夸奖刘茜的时候，妈妈总是这么回答。

刘茜记得妈妈从小就灌输给她的一个观念：女孩子不要打扮，打扮了心就野了，就不能好好读书了。从小到大，她都是穿亲戚孩子的旧衣服，这让她在同学面前有些自卑。不仅如此，妈妈还严禁刘茜追星，有一次，妈妈翻刘茜的日记本，发现里面贴了一些明星的贴画，便拿着本子追到学校，在教室里一页一页地当着刘茜的面撕了下来，还逼着刘茜下跪认错。眼看就要上课了，刘茜只好跪下，她不想让妈妈继续在教室闹，如果让老师看见的话，她还不如去死。因为这件事情，刘茜本来觉得永远不会原谅妈妈，可是后来妈妈又跟她认错，承认自己不冷静，但还是说刘茜追星是不对的。为了表示诚意，妈妈还带刘茜出去吃了顿大餐，刘茜知道了，妈妈处理问题的方式不对，却是为了自己好。

初中的时候，爸爸和妈妈离婚了。一切发生得非常平静，刘茜也觉得自己并没有受到什么心理的冲击，因为在她的生活里，爸爸本来就只是一个模糊的影子。只是从那以后，妈妈更是把所有的注意力都放在了刘茜身上。初中时刘茜的学习成绩已经不像小学那么拔尖，妈妈经常骂她是“蠢猪”“木脑壳”“烂泥扶不上墙”。中考前的一次模拟考试成绩不佳，妈妈便要刘茜别上高中了，上中专。“像你这样的笨脑袋，上高中白花钱，反正也考不上大学！”妈妈说这话的时候不像开玩笑，刘茜吓坏了，她哭着恳求妈妈让她上高中，发誓自己会好好学习。其实她也知道，妈妈对自己寄予了很高的期望，绝不会不让自己上学，可她仍是非常害怕。

高中三年，课业更加紧张，刘茜觉得自己无论怎么努力都超不过那些尖子生，估计也考不上理想的大学。回到家里，又要面对妈妈的指责。其实刘茜长得很漂亮，可从来不敢打扮自己，因为这样会招来妈妈的冷嘲热讽。有一次，要好的女同学帮刘茜修了修眉毛，结果回家马上被妈妈发现，妈妈于是情绪失控地大骂刘茜，说她这么小开始招蜂引蝶，将来一定不是什么好货色。

在这样的压力下，刘茜开始自残。她觉得自己的人生没有意义，也没有希望，可是，她又没有自杀的勇气，因为她知道妈妈爱她，如果她死了，妈妈也一定活不下去。

直到今天，刘茜回想起自己的高中时期，仍然觉得暗无天日。她没有考上重点大学，在一所一般本科大学里混日子。她在学校寄宿，一周回家一次。每次回家，妈妈都会给她做丰盛的饭菜，嘴里却又会对她骂骂咧咧。“你考这么一个大学，以后还能有什么前途？”“让你学会计，学门技术多好，总有口饭吃，可你偏要学新闻，就你这样还想当记者，你做梦！”“你瞧你这些坏习惯，跟你爸爸一模一样！他可从小没管过你啊，你怎么不学点好呢？”

妈妈骂起刘茜来总是花样翻新，可是，刘茜知道她还是爱自己的。家里经济不宽裕，妈妈自己一年也舍不得买什么新衣服，却会给刘茜买价格昂贵的衣服鞋子。只是她买的时候从不问刘茜喜欢什么，买来之后如果刘茜不穿，她又要生气骂人。

大学毕业的时候，刘茜去了外地工作。她觉得她必须离开母亲，才能找到真正的自己。在陌生的城市里，刘茜一点一点地培养着自己的自信，也有了追求者。当她第一次决定接受一个男生，打电话回去告诉妈妈的时候，妈妈却冷冷地说：“那你是不是就打算留在外地不回来了？你受得了吗？等着吧，不出一年你准得分手。”

后来，刘茜果然和那个男生分手了。这是她第一次失恋，情绪低落，打电话告诉妈妈，妈妈的第一句话竟是：“你看，被我说中了吧？”

那之后刘茜又谈了几次恋爱，但每一次都好像被妈妈说中般，都不长久。刘茜知道自己的性格有问题，看事情总是看到不好的方面，男朋友只是犯个小错，她却总是提出分手。几年以后，她又回到了北京，因为妈妈的身体越来越不好，需要她照顾。妈妈已经赶走了十几个保姆，除了刘茜，谁都忍不了她。刘茜与妈妈在一起，感觉生活已经被阴霾笼罩。虽然她谈着恋爱，可她不想结婚，更不想要孩子，她深深地相信，自己的一生已经被诅咒，再也无法获得幸福。

“只有等我妈死了，我才能解脱。”刘茜发现自己在盼着妈妈死去。可是，这样的想法不是一种罪恶吗？她一边幻想着妈妈死去之后自己获得的自由，一边又对自己的罪恶想法自责不已……

分离，是给你自己最好的礼物

我的咨询室接待过一位女性来访者。她非常沮丧地述说着自己三十三年的人生。

她说："我的人生是一片灰色，失败得彻彻底底。没有正式稳定的工作，没有男朋友，没有自己的家庭，只能成为别人的拖累。尤其是我妈妈，她根本不放心我的未来。她已经六十多岁了，依然要努力地工作，因为她担心我将来不仅不能给她养老，甚至连给她买块墓地都买不起。"

如果我没有看过她的资料，也许会对她所说的一切信以为真。因为她对自己的批判，实在太过沉重，也太过真诚。可事实上，她是一名优秀的青年影视演员，有很多获奖作品。她还爱好画画，画作曾参加过国外的著名画展。我在网上看到了观众对她的喜爱，朋友对她的赞誉，然而，就是这样一位年轻、漂亮、富有魅力的女人，却在我的咨询室里，为自己失败的人生而痛不欲生。

在那次咨询的最后，她告诉我，她觉得自己最对不起的人就是她的妈妈。

据她介绍，她妈妈十几岁的时候姥姥姥爷突然去世，之后在表哥表嫂的接济下长大。温柔端秀、琴棋书画皆通的妈妈，却不得不嫁给了独断而粗暴的父亲，而这段不幸福的婚姻还因为父亲车祸后的残疾更是雪上加霜。

我问她："你认同妈妈对你的评价吗？"

她回答："我不知道，也许别人看到的都是我光鲜的一面，只有我妈妈看到的是真实的我。她尽心竭力地教育我，我却没有达到她的期望，她到这个岁数还不敢退休都是因为我太无能了。我对不起我妈妈，我经常在想，我太让她失望了，为什么我这么没用却还要活着？但我也会想，我如果都不活着了，那我就更对不起她了。我现在存在着的唯一价值就是保持活着。我不是个不孝的女儿，但有时候我真的暗暗期待爸妈死去，因为那样我就可以毫不犹豫地结束自己。”

读到这里，也许你会难以置信：明明已是一个成功的人，为何对自我的认识会有这样的偏差？

但如果我告诉你，在我的咨询生涯中，像这样的例子不只她一个，你又会作何感想？

父母常对儿女们说的一句话，叫作“恨铁不成钢”。在这句话的掩饰下，父母否定子女的成绩，打压子女的自信，似乎都是为了能让子女更好地成长。

如果我告诉你，有些父母这样做的真正动机，是恐惧孩子发展得比自己好，恐惧孩子会超越自己，害怕从孩子的成功中对照出自己的无能和失败，你会相信吗？

如果我告诉你，在这种恐惧下，有些父母会持续地给孩子心理暗示，以“爱”的名义打压、责备孩子，扼杀孩子成长中显示的天分，你会相信吗？

如果我再告诉你，很多孩子会接受这样的暗示，对自己的才华视而不见，宁愿庸碌地工作、生活，从而完成对父母的忠诚，你会感到震惊吗？

这一切，在一部分人身上，却成为事实。

我们通常用“照镜子”这一行为来判断自己的容貌。

孩子如何看待自己，是通过他们的父母来完成的。换句话说，父母就是他们成长的镜子。他们看到的自己，正是他们的父母、师长、社会向他们呈现出来的自己。

如果一面镜子表面是脏的，那么，就算我们将脸洗得再干净，从这面镜子里，也只能看到一张肮脏不堪的脸。

同理，如果父母对孩子的评价永远只是否定与打击，那么，就算孩子再优秀，也只能看到父母眼中一无是处的自己。

在心理动力学当中有这样一个观点：成长意味着背叛。

把“背叛”换成“分离”，也许会更容易让大家理解和接受。

我们生下来原本应该忠诚于父母，和父母一体，但是随着我们的成长，我们逐步从行为上的独立，转变到心灵上的独立。而这一独立最终意味着我们要远离父母的管理和控制，远离他们的生活。

对于很多婚姻不幸福的父母来说，他们的内心是孤独的，他们无法面对自己在危机婚姻中的无能，不敢去处理自己婚姻当中的问题，更不敢做出重新选择的决定。而如果要在这样一片情感的沙漠中前行，有一个温暖的陪伴是必须的。

于是，有的父母便通过否定、打击孩子（也许他们并未意识到自己行为的目的），令他们的人格无法健全地成长发育，令他们不能完成行为和精神上的独立，最终成为自己人生永远的旅伴。

强化内心力量，消除自罪感

在刘茜的故事中，有一个细节也许大家都不陌生，那就是刘茜的母亲严禁她“追星”，一发现她有这方面的苗头，甚至逼着她在教室里下跪认错。

一般人都会认为这位母亲行为粗暴，方式有问题，可同时又会加上另一个评价：不许女儿追星，这件事本身并没有错。

也许很少有人追溯家长禁止孩子追星的真正原因。

而我认为，家长对孩子追星这件事表现得如此过度紧张，其实隐含着一层恐惧：害怕孩子性早熟。

每个人的成长过程中都会出现一个关键的阶段，那就是对自己性别认同的阶段。

在这个阶段，男孩子会出现英雄主义情结和行为，会保护弱小，会有强烈的表现勇敢的欲望。女孩子在这个阶段通常会表现为爱美、爱打扮。再大一些，有些人还会通过喜爱某个异性明星偶像来隐性满足自己的性发育躁动，或者通过喜爱某个同性的明星偶像来诠释自己对塑造自我的某种期待。

我认识一个初三小女生，她对某个男明星的崇拜已经达到让人匪夷所思的地步。她会把那个男明星代言的某品牌的鞋子同一款式买三双，而这三双居然没有一个尺码是她能穿的。她把那双过大的鞋子留到冬天穿毛袜子的时候穿，而较小的那双，则在运动量不大的时候勉强忍着穿，另外还有一双更小的，她干脆用保鲜膜包裹好，放在自己的床头柜上天天供着。

当这个小妹妹一脸幸福地对我诉说，她是如何处理自己偶像代言的这三双鞋子的时候，我们在场的每一个成人都笑喷了。

可是笑过之后我又不禁检讨自己：为什么要笑？难道她做错了什么？

答案是：她没有做错。

由于年龄的限制，孩子们在生活中无法很好地实现对异性的欣赏与喜爱（因为那属于早恋，被老师、家长批判的危险系数太大），但如果将其隐匿在对偶像的喜爱过程中，性的成长与发育似乎就会安全得多。

许多女孩在成长到某一阶段的时候，会喜欢穿暴露的服装，喜欢蝴蝶结、花发卡等装饰物件。这些行为都是在对自己的性别进行一种认同，而且这样的认同不仅仅是自己需要，她们更希望通过这些行为表现获得更多关注与赞赏的目光。

很多家长会打击女儿的这些表现。就像刘茜的母亲，她发现刘茜修了眉毛，便指责她“招蜂引蝶”，这种侮辱性的言辞，会令刘茜的内心产生深深的羞耻感。而母亲则用言语不断地加深这样的感受。最终，在刘茜的内心形成了这样的意识：做一个有美的追求的女人是羞耻的，做一个有快乐感受的女人是有很大风险的。

做一个美丽的女人，做一个快乐的女人，便成了刘茜的禁忌。

母亲在刘茜的心中培养出了两种最要命的感受：自卑感和自

罪感。

自卑感和自罪感的产生，源于父母对孩子常年的否定、嘲讽；源于孩子对自己无法达到父母的期望值而产生的愧疚；源于孩子想要挣脱父母的控制，开始自己独立的生活而不断和父母发生冲突的罪恶感受。

不论这种情绪来源于何处，都会很深刻地影响我们此刻生活的幸福感受，但由于这样的情绪蔓延在我们成长的过程当中，我们很难快速地摆脱它对自己的影响和伤害。

对此，我们要做持久的、有意识的对抗。

例如，通过靶目标的设定来强化自己内心的力量，通过对始作俑者的认知调整来消除自己的罪恶感。

我接待过一位三十八岁的来访者，男性，儿时长期生活在父亲的暴力教育之下。他的人生一塌糊涂，总是无法进入婚姻。他认为自己很无能，是一个失败者，一旦结婚就会给自己和家人带来无穷无尽的烦恼和伤害。

我问他："为什么你会这么认为？"

他答："我从小就是这样。经常犯错误被父亲打，一点儿不让人省心。"

我问："你难道就没有不犯错误的时候？这种时候，父亲还会不会打你？"

他想了想回答："这种时候我还是会挨打。可是，那也是因为我平时太淘气，令父亲积累了很多的坏情绪。”

他认为自己就是带给家人烦恼、痛苦的根源，自罪感无比强烈。

我与他倾谈很久，他终于意识到，自己的罪恶感并不真的来源于自己的错误，而是更多来源于父亲的不正确评价。造成这种评价的根源，是父亲无法处理自己在工作中的挫败感，从而将他作为情绪的宣泄渠道。

那一刻，这位三十八岁的男人，在咨询室里失声痛哭。

战胜自卑感，重新认识自己

与自罪感相比，自卑感造成的伤害更大。因为这种自卑感，已经从父母的评价，转变为我们对自身的评判，我们会由此对自己丧失信心和信任。而对自己产生了质疑之后，又有什么力量去面对那么多可能到来的生活挑战？

而要战胜自卑感，需走出的第一步，便是抛弃父母的评价，重新认识自己。

曾经有这样一对父母，他们带着自己二十四岁的儿子来找我咨询，原因是儿子不出去工作，不求上进。

父母两人都是各自单位的中高层领导，事业上都非常优秀。咨询中，他们痛心疾首地向我控诉儿子多么不争气。

爸爸说："我最恨男孩子没有男孩子样，整天唯唯诺诺跟做贼似的。不知道为什么，我儿子偏偏就是一个胆小鬼！"

妈妈说："我最害怕孩子变成胸无大志、庸庸碌碌、无所事事的人，没想到我儿子今天就成了这样的人！"

爸爸说："我从小就是一个要强的男人，我有三个兄弟，我排行老二。从小我就告诉自己不要让自己成为兄弟们耻笑的对象，我要成为兄弟几个中最优秀的一个！过去并没有人督促我这么做，但我自己对自己就是这么严格要求，所以我成了我们三兄弟中成就最高的一个！可是我儿子却这么窝囊不争气，丢死我的人了！”

在父母的轮番攻击下，那个被形容成“窝囊废”的二十四岁大男孩一脸的无可奈何。

我不禁问他：“你父亲和你说过的最多的一句话是什么？”

男孩毫不犹豫地回答：“你要是有我一半能力就不至于这么废物！”

我问：“你从这句话里获得了什么感受？”

他答：“这句话告诉我，我连父亲的一半能力都没有，无论我怎么努力都不可能超越我父亲，我就是一个废物。”

我又问：“你认同这样的信息吗？”

他答：“无所谓认同不认同，从小我爸就这么说我，可能我就是这样的，认同不认同我都是这样的！”

我接着问：“在你印象中，妈妈和你说得最多的话是什么？”

他又是毫不犹豫地回答：“我这么大岁数了还要这么辛苦，不都是为了你？我要赚钱给你娶老婆，赚钱给你爸和我养老，赚钱等我死了好让你不至于饿死！要不是为了你，我至于这么大岁数了还这么拼命吗？”

我又问他从这样的话里获得了什么感受，他答：“是我把我妈害成这样的，离开了我妈我就会饿死，我连自己都养活不了，更不要说养活我爸妈了！我就是一个罪人！”

我再问：“如果真的是这样，你要怎么做才会让自己好受一些？”

他回答：“我不知道，我尽量努力，但是不论我怎么做好像都会失败。我只能让自己留在妈妈身边，虽然难受，但好像只能够这样。我也很迷茫。”

接下来，我便询问这对父母，听了孩子的话以后有何感受。

父亲怒气冲冲地答：“他就是烂泥，扶不上墙！”

母亲则告诉我，儿子从小身体就不好，她总是给孩子找各种进补的药方。她害怕他和别人出去玩会打架，害怕他早恋，害怕他抽烟学坏。为了这个孩子，她几乎付出了所有的时间和心血。她还说，自己不是不想让孩子长大，是她觉得孩子还没到长大的时候，长大是有危险的！

我问：“那你觉得什么时候才是应该长大的时候？”

妈妈说：“至少要大学毕业吧。”

我又问：“长大是怎么完成的？一夜之间吗？”

妈妈说：“当然不是，有一个过程。”

我接着问：“那么，你又为什么不允许自己的儿子经历这个过程？”

妈妈有些不悦，反驳道：“我怎么不允许他经历长大的过程了？我给他生活所需的一切，我还要怎么做？”

我说：“如果他已经有了生活的一切，那他还需要自己做什么？如果他没有和同龄人的接触、交流，甚至打架、抽烟、早恋，那他怎么可能一夜长大？你说的是不想儿子遭遇危险，实际上是无法接受孩子不再是那个挂在你身上的乖儿子这个事实，对吧？”

妈妈面对我的质问手足无措，她歇斯底里地痛哭，骂我胡搅蛮缠、没有专业素质。最后，她被一直沉默的父亲拉出了咨询室。

儿子没有离开，他依然坐在那个位置上，甚至连动都没有动一下。他沉默了许久，突然说：“你很残忍。”

我说：“我知道。”儿子说：“我很想哭，因为你的残忍让我黑暗的世界裂开了一条缝儿。”

那天，这个男孩的哭泣持续了大概四十分钟。他的内心需要一次释放，因为他已经被自卑感压抑得太久。

哭完之后，他问我，有什么办法能够改变他的父母。

我回答：“需要改变的，首先是你的观念，你不能继续认为，只有父母改变了，你才能幸福。”

成长是自然的事情，就像水一定往下流淌，树一定向上伸展一样。成长是一种原发的动力，无论怎么压制它都会出现。当外部环境压力过大的时候，这样的压制和内心成长就会形成深层次冲突，从而导致两种可能的后果：

一种，就像咨询室里的那个男孩，他接受了父母给予的暗示信息，成为父母真正想要的那个状态；

另一种，则是像刘茜那样，虽然也接受了父母给予的暗示，却不肯认命，而是努力挣扎地成长。尽管她的内心深处，已经背负了违背父母潜意识意愿而产生的深深惶恐和内疚。

父母通过给予孩子暗示信息而促成孩子某种行为，这一轨迹在心理动力学的理论中被称为“投射”，而孩子对暗示信息的展示行为，则被称为“投射认同”。

切断“投射—投射认同”的锁链，便能挣脱父母的暗示，获得你自己的幸福。

改变自我认知，做自己情感的主宰

经常有来访者问我：“我应该如何让自己的父母改变，让他们意识到自己的问题？”

而我的回答通常是：“为何一定要改变自己的父母，而不是改变自己？”

因为，期待父母的改变，无异于又一次地认同了，父母依旧是自己情感的主宰。相信“只有父母改变了，我才会获得幸福”的人，最终只能与幸福渐行渐远。

那么，我们如何才能获得幸福？

上面提到的那位女演员，在我的咨询室里，完成了一张自我评价的表格。

表格的内容大致包括：

1. 我目前所获得的成绩；

2. 我为此付出的努力；

3. 这份努力付出之后有可能获得的最好的结果；

4. 有可能获得的最糟糕的结果。

经过这样的对比之后，她很清楚地看到，自己既没有像妈妈否定的那么糟糕，也没有达到最佳状态。她不仅看到了自己的成绩，也看到了自己的提升空间。

最后，她对自己做出了这样的评价：

我做得很好，尽我的努力去完成了我应该完成的事。

虽然我做得不是最好，虽然我没有妈妈所期待的那么好。

但我勇敢地做了，而且获得了应有的成绩，为此我感到很骄傲。

然后她问我："该怎么让我妈妈像我一样，意识到这一点？"

我反问："你为什么一定要让她意识到这一点？为什么不能继续在她面前扮演一位无能的女儿？"

我对她的建议，是进行一次心理上的"角色调换"。

我们经常说，父母老了，变得像个孩子。

我们没有意识到，这句日常生活中的语言，蕴含着一个深刻的现象：有的父母，其实终生都未摆脱"孩子"的状态。

当我们对父母进行角色定位时，时常能发现：那些以爱之名对孩子进行控制的父母，其实是通过控制孩子来实现对自己的焦虑和恐惧的缓解和释放。他们因为自己的懦弱和自卑，不敢处理自己人生中的矛盾纠纷，而让孩子成为矛盾的替代品；他们因为自己缺乏教育技巧，而用简单粗暴的教育方式来面对孩子的顽皮……

总之一句话：父母这一切行为的心理动机，归根结底就是他们的软弱，他们在用儿童化的方式处理着成年生活里的现实矛盾。

当我们理解父母错误的行为是因为他们的“孩子状态”时，就会明白，自己在用另外一种形式承载着对父母的爱，那就是：像爱孩子那样无条件地爱着我们的父母，接受着父母的给予。

从这个角度看，我们其实已是我们自己父母的父母。

我很庆幸，那位女演员在听了我的观点之后，并未指责我荒谬，而是很快地理解了我的用意。

“你的意思是，我妈妈嘴里说我没有价值，没有出息，是为了让她获得做母亲的荣誉感和价值感？她说我没价值没出息，反而是我最有价值，最有出息的证据？”

我说：“非常对！但你这样表演的前提，是你妈妈对你的评价，与你的客观实际完全不符合。”

她恍然大悟道：“那么，我处理自己问题最好的方法就是继续在妈妈面前扮演一个没有价值的女儿，对吗？而其实我自己知道，这一切不是真实的，我只是在她面前完成了她的希望。我无条件地配合她演了一出戏，如果有戏外的话，我才是一位妈妈。这个角色对调，就是我在精神层面把自己当成妈妈的妈妈，把妈妈当成自己的女儿。而有了这个角色对调的心理基础，我就可以无条件接纳妈妈的一些无理取闹的行为，而不会让这个行为成为惩罚自己的罪证。就像婴儿通过使劲地哭闹来获得妈妈的怀抱一般，虽然很让人烦躁，但是因为他是婴儿，所以可以被接受，并且被很幸福地接受，对吗？”

我说："对，但这仅限于你和妈妈相处的关系当中。当你面对自己人生的时候，你要做的就是做你自己。"

当然，"角色对调"的模式，并不适用于所有的咨询者。

像那位痛哭了四十分钟的男孩，因为他在现实中并没有取得上述那位女演员一样的独立地位，对他来说，真正有效的，是做家庭的整体治疗。

咨询室里那个男孩的父母，在那次咨询完的一个半月后，给我打来了电话，他们决定让儿子搬出去住，自己工作赚钱养活自己。

虽然他们的儿子面临了很多的困难，但孩子在坚持着。

请相信，我们没有一个人，会因为离开父母而不行。

看到了父母的问题，改变自己对父母的情感依赖，让自己成为自己情感的主宰，才是获得独立、快乐人生的正确途径。

“

我们生下来原本应该忠诚于父母，和父母一体，但是随着我们的成长，我们逐步从行为上的独立，转变到心灵上的独立。而这一独立最终意味着我们要远离父母的管理和控制，远离他们的生活。

自卑感和自罪感的产生，源于父母对孩子常年的否定、嘲讽；源于孩子对自己无法达到父母的期望值而产生的愧疚；源于孩子想要挣脱父母的控制，开始自己独立的生活而不断和父母发生冲突的罪恶感受。

需要改变的，首先是你的观念，你不能继续认为，只有父母改变了，你才能幸福。期待父母的改变，无异于又一次地认同了，父母依旧是自己情感的主宰。

”

03

为爱立界限，活出你自己的人生

妈妈爱我，需要我，

她是一个那么柔弱的女人。

我想，没有她的日子会怎样?

不！我不允许自己这样想。

三十二岁的王薇，新婚一年，却面临离婚。

丈夫离去，王薇痛哭流涕。但是，她没有选择，她不能不要妈妈。她的妈妈和别人的妈妈不同，她的妈妈给了女儿更多的爱，也需要女儿给出更多的爱。

小时候，爸爸和妈妈感情很不好，他们经常吵架，甚至吵到提出离婚。妈妈总是能数落出一长串爸爸的错处，爸爸总是摔门离去，妈妈则哭个不停。王薇幼小的心里，认定爸爸是一个加害者，而妈妈是一个弱者，一个受害者。

那时候，妈妈总是一遍遍地问："我和你爸爸离婚，你要跟谁？"而她总是回答："我要妈妈！"王薇知道，妈妈是第一选择，没有理由也不用思考。在丈夫要她在他和妈妈之间做选择的时候，王薇就是这样回答的，和当年父母离婚时的选择一样。

王薇从小最怕妈妈的眼泪。妈妈年轻的时候是一个优雅娇气的女人。她总是不太合群，和亲戚也相处得不好。王薇相信，那不是妈妈的错，是亲戚们故意要孤立她们母女。她总是陪着妈妈一起掉眼泪。她想长大了保护妈妈。

妈妈对王薇的好，比一般的妈妈多。她离婚后没有再嫁，为了供王薇读书，做了很多工作，被生活磨去了过去的优雅精致。但是王薇知道，妈妈骨子里还是那样高傲，就如她现在，五十几岁，和女儿闹别扭的时候，就说要一个人去流浪。

王薇硕士毕业后，进了一家外企，有一份不错的收入。妈妈搬来与女儿合住，照顾女儿的生活：做饭，送饭，洗衣，甚至给女儿洗脚。她还以女儿的爱好为爱好，和女儿一起看电影、逛街。只是，对女儿所有的朋友，她都能列出一大堆缺点。

王薇年近三十的时候，终于遇到一个合适的人，很快走向婚姻。结婚意味着要和妈妈分开，王薇担心妈妈无法适应。但是妈妈只是劝女儿别着急要小孩。王薇觉得妈妈的话有道理。

然而，事实是，王薇妈妈一刻也离不开女儿。因为住在同一个小区的两栋楼，基本上每天都要招呼女儿过去吃饭。大半夜给女儿打电话，说怀疑屋子里有老鼠，让女儿过去看看。还经常发生不小心割破手指、烫伤脚背的小事故，让王薇很不放心。

久而久之，王薇的丈夫很有意见，最不能忍受的是，王薇妈妈经常把女儿“借出来”一整天，也并不做什么，就是陪着她，因为她说自己抑郁。王薇没有办法，只能让妈妈搬来跟自己一起住，但这却激发了更严重的家庭矛盾，终于，丈夫让王薇在他和妈妈之间做个选择。

当丈夫无数次说妈妈有病的时候，王薇不相信，也不愿深想，甚至排斥丈夫。“妈妈没有错”，这是她的信念。小的时候，她就知道自己和妈妈是一体的。妈妈的手指破了，自己的手也会疼。妈妈哭的时候，自己心里无比难过。

王薇还认为，因为自己身体里流着爸爸的血，所以自己是有罪的。因此她要为妈妈做到最好，做得更多。她想以后也不会再婚了，就这样跟妈妈一起生活，照顾她，报答她，爱她。但是，她并不快乐。很多时候，心底有很强的另一个声音。她觉得自己有一天会突然崩溃，虽然可能那一刻之前还是好好的。

你要的是幸福，还是报复

王薇说：“我的妈妈无私地为我牺牲了一切。”

我却说：“她不是一个无私的妈妈，而是最自私的妈妈，她吞噬掉了你的人生。”

她愣了一秒，然后失声痛哭。

这个三十岁的女人，在我的面前，哭得像个孩子。她的哭声，让我想起了另外一个女人。

她叫喜宝，四十五岁的时候走进了我的咨询室。打破她平静生活的事件，是她母亲的去世。

喜宝初二的时候，父亲因为外遇与母亲离婚，从此她和母亲一起生活。虽然家境并不宽裕，但母亲竭尽所能为女儿创造好的环境；母亲脾气暴躁，在外经常与人争吵，却将女儿照顾得无微不至。喜宝深知自己的学业可以改变家庭的命运，因此她非常努力，考上了重点大学，又被分配进一家效益不错的事业单位。喜宝是个孝顺的女儿，她工作以后一直和母亲住在一起，她清楚妈妈为自己的付出，决心孝敬母亲一辈子。

可是，与母亲在一起的生活很快就遇到了问题。起因是喜宝的第一次恋爱。当她怀着希望将男朋友带回家见母亲的时候，母亲却拒绝和那个男孩说话。男孩走后，母亲对喜宝说，这个男的很自私，你要是和他好，以后一定会吃亏。喜宝听从母亲，与男孩断绝了来往。

可是后来，喜宝发现，她每找一个男朋友，母亲都能以各种方式、从各种角度找出他们的缺点，冷嘲热讽。她最刻骨铭心的是二十六岁时的一次恋爱，对方是一名退役军官，高大英俊，为人稳重，有一份不错的工作，对她也非常好。这是一个让人几乎挑不出毛病来的男人，母亲却以“和他结婚会有家庭暴力”为理由，要求喜宝与他分手。这一次，喜宝进行了激烈的反抗。她对母亲说，非他不嫁。母亲居然以死相逼，站在楼房的窗口，一只脚迈了出去。喜宝吓坏了，崩溃了，哭着抱住母亲的腿。她答应了与军官分手，然后心灰意冷地收拾了东西，搬离了与母亲共同生活的家。

两个星期以后，母亲来到喜宝租住的小屋里，跪在喜宝面前求她回家。她承诺再也不干涉喜宝的恋爱，她说：“妈妈爱你，不能没有你。”

喜宝终于还是搬了回去。但她与母亲的关系再也回不到从前的融洽，而是开始经常吵架。她渐渐地发现自己的生活有很多问题：三十岁的女人，却没有一件有女人味的连衣裙，平时总穿着母亲手织的毛衣，或者是掩盖身材曲线的宽大 T 恤。她也越来越烦母亲对她无微不至的照顾，经常一言不合就与母亲争吵。每次吵架母亲都会流着泪，一边数落她，一边叹息自己命苦。实在受不了的喜宝会冲出家门，但每次都被母亲以各种方法劝回去。

这样分分合合闹过无数次，每次都以喜宝缴械投降告终。慢慢地，喜宝也放弃了反抗。她每天下班准点回家，回家后就穿起睡衣，上网看电视剧，生活得平静如水。当她接近四十岁时，母亲终于开始为她的婚姻大事着急，开始求人帮她寻找适合的对象。但喜宝总是会以各种理由挑剔那些其实条件还不错的男性，并与母亲爆发新一轮的大吵。喜宝指责母亲耽误了自己的幸福。

“你现在才给我找，你以前在干吗？”

在这样的指责面前，母亲哑口无言。那时的母亲，在喜宝面前，已经脆弱得不堪一击。

喜宝说：“看着她那可怜的样子，我其实很心痛，但心痛的同时，有种报复的快乐。”

我问：“你认为你在报复母亲？你用什么报复？”

喜宝答：“妈妈不让我获得幸福，让我陪伴在她的痛苦里，我就这样做给她看。”

在这样痛苦的纠结中，母亲被确认罹患癌症。喜宝辞了职，在医院里悉心照顾母亲。母女俩的关系好像回到了最初、最好、相依为命的阶段。

喜宝说：“那段时间，我最害怕的，就是失去母亲。虽然她给我带来了很多痛苦，但我已经不能没有这些痛苦。否则，我的一生就变得毫无意义。”

尽管如此，母亲的生命还是不可避免地走向了尽头。去世前，母亲对喜宝说：“女儿，我对不起你，是我让你这辈子变得如此孤独，我错了，我爱你。”

喜宝对我一字一句地重复这句话，说完号啕大哭。

她说："也许在我内心深处，一直在等着妈妈的这句道歉，但它来得太晚了。我这一生已经虚度。我想用自己的痛苦惩罚她，我成功了，可是我知道我错了。"

王薇的人生，与喜宝有几分相似。

她们的人生中，都摆脱不掉一个巨大的符号——母亲。

母亲为她们付出了一切，却在更长的时间里，束缚着她们的人生。

只不过，被束缚的她们，有的软弱，有的反抗激烈一些罢了。

她们看似长大成人，看似可以独立生活，但在心理上始终未真正独立。

有一句话，看似疼爱，但其实也是诅咒——在妈妈心里，你们永远是孩子。

在心理动力学中有这样一个观点：成长意味着背叛。

在论述孩子与父母的关系时，我们把"背叛"换成"分离"。

我们生下来，原本应该忠实于父母，与父母一体。但是随着成长，我们逐步从行为的独立，演化到心灵的独立。而心灵的独立，最终意味着我们要远离父母的管理和控制，远离他们的生活。

作为一个人，最为重要的任务就是学会独立。独立的进程，是在我们一两岁、自我意识刚刚萌芽的时候就开始了。然而独立从一开始就会伴随着无尽的疼痛，甚至会因为各种原因而中断。

喜宝和王薇，都经历了这种独立过程被从中截断的痛苦。

阻碍她们获得独立的，不是外界的打击或侵占，而是“爱”。

因为相信、认同父母为自己做出的牺牲，所以孩子不敢怀疑父母要求的正当性。当他们违逆父母的要求时，他们会产生复杂的心理反应。

反应的第一层次：背叛的自罪感。

王薇离开妈妈的生活而开创自己的人生，在妈妈思想的灌输下，她自己也认为这就是一种无耻的背叛。所以，为了妈妈的无私奉献和爱，她不能做出这样的背叛。

反应的第二层次：潜意识的报复。

现实生活中的服从与内心真实自我的不甘，二者之间强烈的冲突，对限制自我渴望的那股力量产生埋怨，甚至仇恨，他们却不知如何挣脱。报复的潜意识动机由此而生：既然你不允许我幸福，那么我就通过让自己更痛苦，来让你彻底地失望。

深层心理学中，称这种心理防御轨迹为“投射认同”（Kernberg，1975）。这种消极的投射认同，只会将父母与孩子都继续锁死在痛苦与压抑中。

“附带获益”，无法带给你一生的幸福

一位女儿带着爸爸妈妈来我的咨询室里咨询。

求助者是女儿的母亲，家人说，她患了抑郁症。

这位女儿的父亲刚刚退休一年，因为未能顺利接受退休，而不愿意在老家生活，去了距家不远的另外一个城市。他们在那个城市也有自己的房产。女儿也在这一年远嫁北京，离开了父母。

母亲多年来一直在盼望着丈夫退休、女儿成家，这样他们可以有更多的时间陪伴自己。然而，生活的现状和她期待的相差太远。于是母亲渐渐地神情落寞，最终患了抑郁症。

表面上看，母亲患病的原因，是无法接受家庭成员的变化（因为那些变化并不符合自己的情感期待）。

但从深层心理学分析，这位母亲的抑郁状态和情感依赖有着很大的关系。

需要注意的是：原本母亲已经过了很多年退休生活，已经建立了自己在个人状态下平静生活的平衡，即便丈夫退休和女儿结婚对她的生活有一定的影响，也不足以打破她的平衡状态。

这位母亲在治疗过程中对我说了一句话：“如果不是我今天病了，他们还都是按照他们喜欢的方式生活，根本没人关心我，没人在乎我！我倒要看看他们是不是连我死活都不管！”

她的潜意识动机在这句话当中表露得一览无余。

母亲患抑郁症并不是装的，但她的抑郁也的确是她获得情感的一种手段。初患病的母亲感受到自己丈夫、女儿更多的情感投注，于是她逐步加深了自己的症状体现。

在心理学当中，每一个心理疾病症状背后都会有获得的东西，我们称之为“附带获益”。

如果说这位母亲是一名依赖者，那么她的丈夫、女儿就是被依赖者。

在我对父亲、女儿询问的过程中发现，两个人对这位母亲的患病也有自己独特的解读。

丈夫对妻子生病表现的状态原本应是焦急、恐惧、无助，我却从他的神态和表述中看到了更多的情绪，其中一个很主要的情绪是兴奋。

我对此有一些不理解。询问之后，他很坦诚地告诉我，妻子生病的确让他有兴奋的感觉，因为他每天不用再烦恼自己退休时的一些不公平的事情，也不用面对自己从领导岗位上下来后的那种失落情绪。每天他在网上查一些有关抑郁的资料，带着妻子奔波在他从网上查到的很多真有名的和伪有名的心理治疗机构当中。他觉得自己从来没有如此被需要过，虽然他为妻子患病的事情生气，但他感到自己因为退休而产生的苦恼情绪消失了。

女儿对母亲生病的看法也很有意思。

我对这位女儿说：“我从你对妈妈的态度当中看到了一个很有趣的情绪，就是夸张的关怀。这种夸张关怀好像并不来源于你对母亲健康的担心，更多的好像是一种表演，是为了表现紧张而紧张。”

女儿对此也并不避讳。她说：“我很感谢母亲的这次患病。”原来，女儿选择的结婚对象是与母亲的心愿相悖的，女儿对这件事其实有很深的愧疚。她觉得自己辜负了妈妈的期待，也伤害了妈妈的情感。而当妈妈生病的事情出现后，她感到上天给了她一个偿还的机会。所以她会放下新婚丈夫，陪伴母亲辗转于不同的心理治疗机构。在陪伴母亲看病的过程中，她觉得自己内心的愧疚感在逐渐地减少。

如果说，母亲潜意识中对家人情感的依赖造成了她自己的抑郁状态，那么丈夫、女儿在这种依赖中获得的情感满足就成为母亲抑郁状态日趋严重的推动力。

依赖与被依赖，从来都是相互纠缠在一起的。

很多家长会用示弱的方式来控制成年子女，他们会生病，会对子女故意流露委屈、痛苦的情绪，这样一来，子女对父母的责任感就被调动起来，对父母的照顾陪伴、情感的分配也会随之增加。

这就是很多父母使唤孩子的“诡计”（虽然很多父母在意识层面并没有察觉自己的“狡猾”）。

在王薇的故事中，我们也能看到母亲的这种“诡计”。她在女儿面前，显示自己的孤单可怜，害怕老鼠，会不小心割伤手指，烫伤脚背。

孩子不像成年人，能够划分他人的行为与自己行为的边界。

来自父母的强加行为，会使孩子的内心产生这样的自动规则：我是必须要和妈妈站在一起的，我不能够让她一个人痛苦，而自己享受愉快和幸福；当妈妈没有获得幸福快乐的时候，我的陪伴能够让她好受一些，至少她不是那么孤单的。

我们看到，王薇在成年以后，依然延续着这种心理、行为的模式。她认为自己理解母亲，知道母亲需要自己，因此一方面接受母亲过分的照顾，如送饭、洗内裤、洗脚；另一方面努力去陪伴母亲，满足母亲的各种无理要求。在这种被依赖的情感当中，在这种自我牺牲似的陪伴当中，王薇获得了“没有抛弃母亲”的自豪感和满足感。

同时，她也取得了自己的“附带获益”。

在这里，我想着重指出的是，与孩子依赖父母不同，在孩子长大之后，发生了角色对换，成年的孩子成为被依赖者。这种关系并不能带给依赖的双方任何好处，反而只会让他们身心疲惫，远离真正的生活和幸福。

▶▶ 确定靶目标，不在痛苦中纠结

对根深蒂固的依赖关系，松绑是困难的。

因为，处在这种关系中的双方，往往都不能正确地表述这样的关系究竟是哪里出了问题。

面对这样的咨询对象，我通常会使用“确定靶目标”的方式，来帮助咨询对象对问题进行认知。

确定靶目标，意味着来访者自己必须找到家庭关系当中真正的要害。

我请王薇对母亲的行为做出一个评价。

王薇说：“她没有错，只是太不能离开我。她为我付出了很多很多，她的生命里没有别的，没有婚姻和事业。我是她的支柱和唯一的希望。”

这样的说法，也对，也不对。

王薇看到了母亲对自己的依赖是基于母亲自身的软弱，基于她自己无法处理人际关系，无法面对人生的失败。但她依然在为母亲辩解：“她没有错。”

她看到了母亲想通过压制她个性的成长，令她永远陪在自己身边的事实，却依然在辩解：“她没有错。”

她看到了母亲在和丈夫争夺她，利用示弱对她进行挟持，却依然在辩解：“她没有错。”

她最不敢面对的是一个最残酷的真相：也许，母亲爱她自己，超过爱自己的孩子。

这就是她听我说到“你的妈妈吞噬了你的人生”时，失控大哭的原因。

清晰地判断出靶目标，是我们走出自己内心纠结的第一步。

在之前的讨论中，我们已经明确的一些观念，有必要在此重复一遍：

1. 父母会犯错；

2. 父母犯错，并不代表他们不爱你；

3. 父母爱你，并不代表这种爱本身一定是正确的。

如果我们并不认为父母是有错误的，而单纯地认为他们这样做不过是因为爱我们，那所有的罪责只会指向自己。我们会产生错觉，觉得是自己不够自律，不够理解父母的苦心，不够体谅父母的爱，才造成了今天这样的生活局面。

如果你在内心深处认为自己做的是一件貌似正确但其实伤害了父母的事情，那么，这样的挣脱之路是走不下去的。

▶▶ 分离，是痛苦的，却也是获得幸福的唯一途径

确定了靶目标之后，王薇仍然有很多的疑虑。

咨询中，她一直强调两点：第一，妈妈为我付出了很多；第二，如果对妈妈指出，她所做的一切都是错的，这对妈妈的打击太大，恐怕她无法承受。

我问王薇："你是否认为，妈妈的人生是失败的？"

她想了想，坦承道："确实如此。"

我问："那么，妈妈人生的失败，是否是你造成的？"

她觉得自己有一点责任，但不是决定因素。

我又问："既然如此，为何你要主动和妈妈一起，承担她失败人生的后果？"

王薇沉默许久后，回答："如果我不这样做，如果我现在选择离开妈妈，她人生的支柱就崩塌了，万一发生什么事，我一辈子都不能原谅自己。"

我接着道："可是，对还没有发生的事，你为什么确信会发生，并且它的结果是失败的呢？

"这是因为，在你心里，母亲是软弱的。

"你毫不怀疑，她没有能力有更好的生活，你相信她一旦失去你，天就会塌下来。

"你对母亲形象的消极认同，在母亲的心里也形成了消

极的投射。她一开始可能只是夸大这种恐惧，说离不开你，后来逐渐与你加强依赖关系，与外部世界切断联系。如此恶性循环。她愈加无法摆脱对你的依赖。因为她恐惧，这种恐惧来自她对自己获取幸福的能力的极端不自信。”

我问王薇：“如果你有一个女儿，她因为自己人生曾经经历过一些挫折、失败而不敢再次开始生活，你会如何处理？”

王薇说：“我会帮助女儿摆脱挫败感，帮助她开始新的人生。”

我问：“如果在你帮助的过程当中，女儿因为曾经的失败而胆怯，不敢去开始尝试新的生活，你又该怎么办？”

王薇说：“我会陪她寻找新的生活、尝试新的挑战，直到女儿可以面对。或者我会找一个更有力量的人去帮助她，比如女儿的父亲。我要让她在我的身上看到幸福的可能，看到希望。”

我问王薇：“你可以这样对待女儿，为何不能这样对待妈妈？”

我建议王薇和妈妈在心理咨询师的帮助下完成一次对话。王薇同意了。

这次对话对于我们三个人中的任何一个来说，都不轻松。

当王薇在我的咨询室中和妈妈开始谈话之后，王薇的妈妈显示出无比的失望和痛苦，她哭骂王薇是一个白眼狼，辜负了妈妈对她的深爱。

王薇妈妈的反应在我的意料之中。

因为，分离是痛苦的过程，孩子和母亲的分离应该在三到五岁的时候完成，如果在那个年龄段没有完成应有的分离，那么随着年龄的增大，分离带来的痛苦会越发强烈。

这一次，王薇承受了妈妈的指责，并对妈妈说，她想和妈妈暂时分开一段时间，是为了以后两个人可以更好地生活。

最后，妈妈同意，两个人还是分开住，先在形式上拉开一定的距离。王薇给妈妈报老年大学，学习一些她略感兴趣的东西。每天王薇会给妈妈打电话问候，每周王薇会去看妈妈两次。

而在这段尝试独立生活的日子里，王薇妈妈不能再不定时、无故地召唤女儿，也不能因为选择了如今这样的生活形式而埋怨王薇的无情。

妈妈认为，王薇婚姻的问题不是自己造成的，她同意王薇的建议，只是为了向王薇证明，就算和她分开，王薇的状况也不会有什么不同。她暂时同意王薇的做法，只是为了证明自己没有错，错的是王薇，是王薇自私、不孝、不想承担照顾妈妈的义务。

王薇没有与妈妈争辩。因为，我们已经获得了想要的结果。

这就是一个“角色对调”的过程，王薇开始引导妈妈独立，像一个孩子离开父母一样，完成自己的独立过程。

当然，这一切并没有结束。

最后一次咨询中，我对王薇说："你以后的幸福，取决于你的幸福本身。"

因为，对于一个依赖性极强的负性力量——强大的爱操控的家长来说，只有当她看到孩子的"求生力量"所焕发的能量，让她从孩子的人生当中获得更多的信心和勇气，让她通过孩子的人生看到一个幸福的模板，才能部分地削弱"操控"的力量。

"这一定是一场艰苦的战役，你要从这么长时间的痛苦、纠结的心态中走出，从妈妈给你的消极影响中走出，用自己的幸福，令妈妈确认你的独立。这一切真的很难，但如果你做到了，就会获得丰厚的馈赠！"

“

阻碍她们获得独立的，不是外界的打击或侵占，而是“爱”。因为相信、认同父母为自己做出的牺牲，所以孩子不敢怀疑父母要求的正当性。

与孩子依赖父母不同，在孩子长大之后，发生了角色对换，成年的孩子成为被依赖者。这种关系并不能带给依赖的双方任何好处，反而只会让他们身心疲惫，远离真正的生活和幸福。

我们需要明确的一些观念：

1. 父母会犯错；

2. 父母犯错，并不代表他们不爱你；

3. 父母爱你，并不代表这种爱本身一定是正确的。

”

PART 02

无条件接纳你自己

PART 02

无条件接纳你自己

- 二次成长的勇气和技巧
- 独立，是成长的必经之路
- 真正的爱，让你自由

04 二次成长的勇气和技巧

父母对你说：“只要你成绩好，就是对我们最大的孝顺。”

可是“成绩好”的人生，就是成功的吗?

如果不是，那么，父母为什么要这样对你说?

你成绩好，可你依旧觉得自己是个失败者。

这时候，你又能去指责谁?

刘祯觉得，她的人生是由一次次的考试组合在一起的。

从小到大，她听得最多的一句话就是：你别的什么都不用管，搞好学习就行了。

刘祯记得，她背上书包的第一天，父母就开始半开玩笑地与亲戚朋友讨论，说她将来会上哪一所名校：北大、清华、哈佛或是耶鲁。虽然其中有玩笑的意味，但也在她的心里留下了这样的印象：将来，她一定会上那样的名校。

父母说："万般皆下品，唯有读书高。"刘祯于是从不参加学校的任何活动，只是埋头读书。她天资聪颖，加上努力，小学六年，从来都是年级第一。她最大的惆怅，是三年级以后，因为有了作文，她的语文成绩无法再是一百分。在刘祯的心里，只有一百分才是完美的。她无法理解为什么会有人成绩不好。在她心里，那些人不是傻，就是懒，当有同学为了成绩不好而难过，她不仅不会同情，相反会非常看不起他。

刘祯在学习上第一次遭遇挫折是在初二，那时数学开始学几何，第一次考试，她居然没有上九十分！虽然在班里还是前十，但她完全接受不了，哭了一个下午。回到家里，她对爸爸说，自己的数学老师非常糟糕，根本不会教学。父亲于是托了教育局的同学，给刘祯换了一所学校，还进了重点班。那个重点班的数学老师是全市有名的。爸爸对刘祯说："我能做的都已经为你做了，如果你再学不好数学，就没有任何借口了。"刘祯觉得自己一下没有了退路，那个学期，她放弃了所有的娱乐，甚至牺牲了午睡的时间，全部的精力都用来学数学。期末考试，她终于如愿以偿，得到了年级第一名。

高中时，刘祯上了一所省重点中学，在那所学校，她惊恐地发现，自己不再是成绩最优异的那个。有的同学并没有她努力，却可以轻松地拿到高分，这让她受了不小的打击。分科的时候，刘祯想选择文科，可父母坚决不同意。他们给女儿的规划可是要去国外学生物工程的，在他们的心里，那才是尖子生该做的事。父亲拍着桌子说："学文科的都是废物！我的女儿绝对不能去学文科，我丢不起这个人！"

刘祯只好进了理科班。尽管她仍然努力，高考的时候却还是没有进入父母要求的北京大学医学部，而是进了另一所医科大学。

刘祯永远记得，父母在亲戚面前强颜欢笑，说："她上的毕竟也是'211'的大学，而且那个学校的教学硬件也不错，将来出国进修很有优势。"

他们失望的表情像一块烙铁印在了刘祯的心上。大学期间，刘祯像在高中一样，把所有时间都用在了学习上。她从不缺课，从不参加学校的任何活动，也从来没有谈过恋爱。她不是不想享受生活，她总是对自己说，努力吧，等毕业了，一切就都好了。

只是，毕业看起来是那样遥遥无期。大学期间，刘祯成绩优异，在学校本硕连读后，她被保送到了全国最好的医学院读博士，终于，她再次成为父母的骄傲。那一届，她的导师一共带了两个博士，一个是她，一个是本校直升的男生。刘祯明显感到导师更偏爱那个男生，她于是拼了命地学习，拼了命地做实验，做毕业论文的那段时间，她不眠不休地熬在实验室里，累到尿血。好几个清晨，当她走出实验室的大门，都有种从楼上跳下去的冲动。她对自己说，这是黎明前最后的黑暗了。她的目标是留校，继续做研究，当讲师、教授，作为访问学者出国……这一切就是她心中的幸福，唯一的幸福。可是，最后留校的名单下来了，没有她。

刘祯彻底崩溃了。她打了电话回家，语无伦次地痛斥了父母一顿，告诉他们自己不会参加论文答辩，说要离家出走，要去扫大街，要去当流浪女。父母慌了，母亲哭着求她回家，她听也不听，直接摔掉了电话。她上网，随便找了一个男网友见面，很快地同居，她痛恨自己原来的生活，甚至想去改掉自己的名字。

▶▶ 运用合理化技术，完成愤怒的对外释放

去年夏天的一个闷热午后，我在咨询中心接到了一个电话。一对中年父母要求“立刻”见我。当我提醒他们需要预约时，门铃响了起来。我打开房门，发现他们已然站在门口。

我心里闪过一丝不快。我的工作量非常大，每一项工作都是严格按照时间表的安排进行的。对于不遵守心理咨询惯例、唐突上门的咨询者，我一般不会贸然接待，因为这类咨询者大都比较强势，对自我能力评估很高，或者对咨询抱有过高的期待。

但看到门口这对热得满头大汗的中年父母，我还是心软了。我把他们接进咨询室，开始倾听他们的故事。

两人在我面前刚坐下，一开口说的就是：“柏老师，请你救救我们的女儿！”

从他们口中我第一次听到了刘祯的故事。

听完之后，我问这对父母：“刘祯的确非常优秀，完全可以去一家不错的医院，找一份不错的工作，这并不比留校差啊。为什么你们不能说服她接受呢？”

母亲不假思索地反驳我：“我的女儿是最优秀的，导师把留校名额给别人，一定有猫腻！”

我再问：“就算是这样，我们的人生里不都要遭遇一点挫折吗？”

母亲说：“就算是要遭遇挫折，那她至少也应该留在我们身

边，在我们的帮助和保护下度过。那样她才不会被骗和受伤害！我们可以让她出国继续上学。”

我又问她：“如果你们的女儿一直留在你们身边，你们又一如既往地给予她如此周全的爱和保护，她自己的人生如何开启？如果继续送她上学，那么她的生活除了上学之外还有什么？上学会是她一辈子的主题吗？”

他们的表情僵住了。看得出，他们绝对不认同我的观点，但又不好当面发作，于是很快地告辞了。

一段时间以后，我接到他们的电话，说女儿已经和网友分手，回了家，谢谢我提供的帮助（其实我什么也没有做），最后勉强说了一句再见（我知道他们再也不会与我联系）。

我也一直没有机会告诉他们，其实需要治疗的，不是女儿，而是他们。

回到刘祯的遭遇和她的抑郁倾向。

心理学将“抑郁”解释为：愤怒的情绪无法对制造愤怒的对象宣泄而进行的自我内部攻击。这是一种将被压抑的愤怒转化成对自己的伤害的病症。

如果一味地对“极度控制”的父母进行隐忍，又对父母行为的动机并不清楚，那么我们就会认同父母给予自己的错误评价。认同了父母在“极度控制”下对自己的价值判断之后，那种被冤枉、被羞辱的愤怒情绪是无法向外释放的。

比如，如果我爸妈说我是一个懒惰、不讲卫生的人，而我自己明明知道自己并没有懒惰，只是没有做到他们的洁癖要求的程度，那么我并不会对自己很失望，也不会因为自己没有洁癖而埋怨自己，只是会对父母不恰当的卫生要求反感或者对抗；但如果我不知道自己其实并不懒惰，而是认同了父母的洁癖标准才是正确的、常态的标准的话，那么我就会对自己很失望，并有可能因为自己总是达不到那个标准而对自己失望甚至愤怒。

愤怒的对外释放，会有效地帮助自己对自己进行合理的评价，完成对自己心理平衡的保护。

愤怒的对内释放会伤害自己，降低自己的价值感和自尊自信。

对外释放并不是特指发泄、宣泄，还有一种技术叫作“合理化”。

首先必须明白，我们之所以痛苦，是因为我们明明看到父母行为或者对自己评价的不合理，却不知道它不合理在什么地方，也不明白为什么不合理，最后我们往往会认为的确是自己做的事情不到位，的确是自己做得不够好。

但如果我们通过动力心理学的分析找到父母行为背后的动机，并对此类行为有一个合情合理的解读，我们看待父母给予自己伤害的过程时，就会通过父母的面具看到他们真实的状态。要做到这一点，首先有一个很重要的基础，就是我们要看清楚自己的父母在实施这样的行为的过程中，他们的潜意识动机和内心真实的角色。

受到父母极度控制的孩子，在合理地解释愤怒、释放愤怒之后，还有很长的路要走。曾经需要上的一些成长课程还需要补上，这中间没有捷径可循。

给自己一些时间，去经历一些必经的世事，去学习社会生活所需的那些能力，给自己寻找一些心理援助来支持自己面对那些迟来的挫折体验。

虽然这对于一个由于学习很出色而对自我评估非常高的“大孩子”来说是困难的、艰辛的，但成长就是这样：痛，并快乐着。

在我接待过的来访者中，和刘祯有着同样症结的，不止一例。

一个在英国留学的女孩子因为抑郁症、自杀及自残行为而回国接受治疗。她告诉我，她的内心世界只由父母、老师和自己组成。她虽然是土生土长的北京孩子，却连故宫、长城都没有去过……

另一个从小被父母要求学音乐的孩子，上高中后得了严重的强迫症，已经有四年没有出过家门。他告诉我，每一次他和同学出去玩，回家后都会因此而挨打。他不能将朋友带回家玩，并不是那些人不好，而是父母认为这样的社交行为完全没有必要，因为所有的时间都必须用于学习和练琴……

一个在香港读大学的男孩休学回家治疗焦虑症。他告诉我，他从来没有过自己一个人面对陌生环境、陌生人的经历，他连去食堂打饭都会恐惧，因为他以前的所有事情都是父亲帮助他完成的。父亲告诉他：“你不需要为任何事情担心，只要好好学习就是最好的孝顺。”

一个大学毕业的男孩子因为无法就业来找我咨询，他最大的问题是无法和人交流，因为别人都觉得他是一个弱智、傻子。他形容自己是知识上的巨人，生活上的白痴。他的爸爸在离婚后把所有的时间都放在为他补习功课上，他从小就没有任何的业余爱好和社交活动，因为那样会让父亲失望、伤心……

“只要你成绩好，其他什么都不用做”，这是父母常对你说的话。渐渐地，你习以为常。只要能拿出漂亮的成绩单，便可以心安理得地不做家务，不与人交往，不问世事。你已经习惯了这样的判断标准：只要成绩好，你就是一个成功的人。

可是当你脱离家庭，走进社会才发现，你不可能是永远的第一名，而且，世界上还有太多与学习无关的事，那些事如此重要，而你却一无所知。

你恐惧，你愤怒，觉得自己受骗了。但你不能对父母发泄你的愤怒，只能将怒气发泄到自身，因为你不敢面对，不敢承认，其实父母对你成绩的要求是一种隐藏得很深，又那样残酷的“爱的暴力”。

痛感体验带来的除了挫折还有成长

说父母要求孩子掌握更多的技能也是“一种控制”，很多父母不会服气。

父母为了让孩子在未来的社会竞争中获得更大的竞争优势、更好的事业起点，平台比同龄人高一些、稳一些，这又有什么不对?

难不成，非要孩子一无所长才是爱吗?

当然不是。学习是决定一个人人生诸多成败的重要因素之一。但如果家长以让孩子学习好为由，忽略对他作为一个社会人而必须拥有的其他能力的培养（沟通能力、宽容能力、社交能力、环境适应的能力等），那么家长的潜意识动机就值得探讨了。

因为，孩子的生活世界很简单。他的全部生活范围，就是家庭、学校、生活的社区，他并不知道成人的世界到底是个什么样子，更不知道在成人的世界里，需要什么样的能力才能够很好地生存下去。

每个成年人都有找工作的经历、人际交往的经历、恋爱和婚姻的经历，这些经历让成年人知道，如果一个人所掌握的知识仅限于文化层面，那么这个人在社会当中一定会举步维艰。

但为何有些父母会固执地认为，孩子成绩好就能带给他一生的幸福呢?

他们到底是希望孩子拥有独立、快乐的人生，还是只是用孩子来满足自己可以设计、安排他人人生的欲望呢？

我有一个非常优秀的朋友，从小成绩便非常优异，顺利地考入重点高中、重点大学，毕业以后进入了顶尖的外企。她的人生有很多人羡慕，但她自己却并不快乐。她遭遇挫折的时候，经常找我谈心。

她对我说："燕谊，我经常觉得我的人生是无意义的。我唯一掌握的技能，就是上学和考试。每当我遇到什么不愉快的事，第一个想法，就是抛开现在的一切，重新回去上学。我现在已经三十岁，每天回家，我妈妈还要催我看书、学英语，提醒我要为自己的人生目标而努力。可我不知道我的人生目标是什么，读书可以读到博士、博士后，可在那之后呢？"

我的朋友无疑仍算幸运，因为她的学业一帆风顺，在这方面，几乎没有遭遇过挫折。而我认为，恰恰是因为她的学习生涯过于顺利，使她生活在一个类似于无菌室的环境中，当她遭遇任何一点挫折时，便会觉得无所适从，于是急切地想要逃回自己的"无菌室"里去。

我们是从何时起开始掌握为人处世的技巧和待人接物的能力的？当我们还是孩子的时候，当我们和小朋友玩耍、游戏、争吵、发生矛盾的时候，我们就已经开始了练习。在这些行为过程当中，我们拥有了挫折体验，有了换位思考的能力、包容的能力、分享和感恩的能力。如果获得这些能力的渠道都被一一堵死，成长的选项就会出现空白。

人不一定能记得成长过程中的每一次快乐，但对于痛苦和失败却总是刻骨铭心。我们无法规定挫折进入我们生活的时间，我们也没有听说谁的挫折体验是在他完成学业，掌握了社会生存技能之后才来到的。

痛感是人类最宝贵的一种感觉，因为有痛感，我们会长记性、增经验；因为有痛感体验，我们会对危险有所防范。一个没有痛感的人，无从培养自己对伤害和挫折的反应机制，在遭遇挫折时，便会堕入自我怀疑的深渊，觉得世界充满敌意。

而这样一来，父母又达到了另一个潜意识层面的目的：使孩子无法离开自己。

典型的例子便是刘祯，她在挫折、愤怒、痛苦之后，最终回到了父母的身边。

父母从小的教育，让她的人生只有获得第一名这一条路可走。

刘祯的父母在孩子骄傲的学业成绩中获得了作为家长的自豪与面子，但刘祯成了一个虽然成年但仍然无法适应外部环境的大孩子。因为无法适应环境，她最终会回家继续扮演需要父母爱护和照顾的孩子，刘祯的父母成功地把她留在了自己身边。

“

当我们还是孩子的时候，当我们和小朋友玩耍、游戏、争吵、发生矛盾的时候，我们就已经开始了练习。在这些行为过程当中，我们拥有了挫折体验，有了换位思考的能力、包容的能力、分享和感恩的能力。如果获得这些能力的渠道都被一一堵死，成长的选项就会出现空白。

”

“

人不一定能记得成长过程中的每一次快乐，但对于痛苦和失败却总是刻骨铭心。痛感是人类最宝贵的一种感觉，因为有痛感，我们会长记性、增经验；因为有痛感体验，我们会对危险有所防范。一个没有痛感的人，无从培养自己对伤害和挫折的反应机制，在遭遇挫折时，便会堕入自我怀疑的深渊，觉得世界充满敌意。

”

05

独立，是成长的必经之路

父母无条件地爱着你，满足你的一切需求。

你遇到任何挫折，他们都第一个出现，为你化解所有困难，

让你幸福地长大。

直到有一天，你忽然发现，这种过度的爱让你成为一个残缺的人。

可你始终没有勇气发问：你们到底是爱我，

还是以这种方式爱着自己？

“女孩要富养”，这是钟灵从小听得最多的一句话。父亲是这样说的，也是这样做的。从小到大，钟灵都是家里的公主。记忆中，她从来没有像别的女孩那样，因为得不到一条漂亮的裙子或者一个洋娃娃而苦恼。钟灵一直清楚地记得，六岁生日那天，父亲带钟灵去逛当地最好的商场，让她给自己挑礼物。钟灵看中一款裙子，为选哪个颜色犹豫不决，父亲则毫不犹豫地将两条都买下来，送给了她。

钟灵觉得，她的童年是无比幸福的。在家，她是父母的宠儿，在幼儿园里，她是老师的宠儿。小学时，钟灵的成绩也很不错，再加上她长得漂亮，性格又活泼，常作为代表参加学校和市里的演讲比赛，而且每次都能拿到很好的名次。她长久以来是众人目光的焦点。

钟灵的烦恼是从初中开始的。她所在的学校是市重点，父亲通过关系把她安排进了最好的班，可她渐渐开始觉得学习吃力，成绩一落千丈。拿着成绩单回家时，钟灵忍不住哭了，父亲赶紧安慰她，还带她去吃了一顿大餐。父亲说：“成绩好不好不重要，你快乐最重要。就算考试得零分，你也是我的小公主。”

虽然成绩不如小学，可钟灵在中学仍是风云人物。因为她长得漂亮，给她写情书的男生越来越多，还有男生放学的时候在校门口等着她，对她吹口哨，约她去玩。女生开始在背后议论她，甚至老师也会点名批评她。钟灵越来越不想待在学校了，她经常借口身体不舒服跑回家，头痛、肚子痛这些借口她不知道用过多少遍，老师都不再相信了。可是，当老师打电话去她家的时候，父亲总是能给钟灵作证：“老师，钟灵确实从小身体不好，医生说不能给她太大的压力。”老师们最后也不管钟灵了，有一次钟灵听到老师们闲聊时一个老师说：“有那样的家长护着，没法管！”钟灵因此非常反感那个老师，开始处处跟她作对。她作对的方式就是和老师的儿子谈起了恋爱。那个男生真的很喜欢钟灵，他甚至偷家里的钱给钟灵买礼物，老师知道后气得七窍生烟，闹到校长那儿要给钟灵处分。钟灵的爸爸自然也被请到了学校，钟灵以为自己这次“死定了”，谁知道父亲什么也没说，只是带她回家。回家的路上，父亲问她想要怎么办，是转学还是继续在这所学校念。钟灵说：“我想转学，我讨厌这里。”

于是，父亲托关系将钟灵转入了另一所重点中学。可在那个小小的城市，钟灵已经“声名远扬”，新学校里的人，都知道她是个和老师儿子谈恋爱的刺儿头，甚至还造谣说她是社会上的“大姐大”。钟灵还是不愿意待在学校。很快她不得不又一次转学，起因是她和一个背后说她坏话的女生打了起来，她用剪刀划伤了那个女生的脸。就这样，钟灵的中学时代便在不停地转学中度过，到高二那年，她一共转了六次学。

高二下学期，钟灵开始感到了升学的压力。她知道，父亲有能力将她安排进最好的中学，却无法将她送进清华北大。原来这个世界上还有事情是父亲办不到的！她这样想着，越想越焦躁，越焦躁就越不想学习。毕业会考第一门是政治，题目她一个都不会——其实也不是完全不会，而是一看到那么多题不会，她就烦躁不安。于是，她将卷子往桌上一扣，哼着歌便出了考场。有一科零分，当然也就无法毕业，于是之后的考试她也顺理成章地没有参加。这一回惹的麻烦大了，父亲史无前例地狠骂了她一顿，可是最后，还是想出了办法：他要钟灵去北京一家留学培训机构学外语，准备让她出国。

在北京，钟灵第一次远离父亲，远离家。最初的自由兴奋，很快被沮丧和彷徨所取代。父亲在学校旁边给她租了房子，是一间装修豪华的单身公寓，她很快地找了一个男朋友一起住，因为她害怕寂寞。男朋友对钟灵很好，可是钟灵觉得远远不够，没有把她放在手心里宠爱，她甚至觉得男朋友各方面能力有限，常常不能令自己满意。两人经常争吵，男朋友最终被钟灵搞得身心俱疲，提出分手，他跟别的女孩说钟灵是神经病。钟灵听到后火冒三丈，郁闷了几天。一天晚上，钟灵喝了很多酒，她最终决定给父亲打个电话。偏巧母亲生病住院，父亲在陪护，他们的电话都没有人接。钟灵痛苦无状，割腕自杀了。

幸好她割腕割得很浅，血很快就止住了。酒醒之后，钟灵看到打给父亲的电话，她忽然有种强烈的感觉，是父亲害了她，父亲毁了她的一生！父亲接到电话以后立刻赶到北京，把钟灵送进了医院。医生诊断钟灵有严重的躁郁症状。钟灵哭着，说自己不是疯子，自己没有病，说要和父亲断绝关系，要把所有的东西还给父亲，她甚至当众把外套扔到地上，因为那是用父亲的钱买的……

▶▶ 勇敢面对情感的缺失，坦然接受生活的遗憾

我的咨询室曾接待过这样一位女孩，她的故事，与钟灵有着几分相似之处。

她也是一个漂亮的姑娘，当时才十六岁。她的父亲曾是当地政府官员，后来下海经商大获成功。她从小就在富足的环境中长大，从来不知道匮乏的滋味。

在我的咨询室里，她的妈妈一直在哭，说不知道拿这个孩子怎么办，有时候真想放弃她算了。在妈妈口中，她十二岁开始恋爱，为男孩自杀、打情敌，闹得全校皆知，然后是一次次的离家出走，堕落，甚至开始酗酒。父母求过她，关过她，打过她，给她请过心理医生，甚至将她送进过行走学校（一种以长途步行等体能训练课为主的教育机构，实行军事化管理，专门招收有严重厌学、网瘾等不良行为的“问题孩子”），她却依然故我，我行我素。

妈妈哭诉的时候，她的爸爸则在一边沉默。当我问起，他打算如何处理女儿的问题，如何看待女儿的将来时，他想了一会儿说：“我想把她送出国会好些。”

我能感受到这对父母面对女儿时的无奈和痛苦，但更痛苦的是这个女孩自己。在咨询的过程中，她反复对我重复着一句话：“我的爸爸妈妈其实一点都不爱我。”

是这个孩子太过不知好歹，还是她感受的一切，其实有迹可循？

曾经有一个朋友，对我讲过她自己的一个小故事。

有一天，她在下班途中，经过一家高级的糕饼店，忍不住进去买了一个很昂贵的蛋糕。可是当她把蛋糕带回家之后，却觉得这么贵的东西，自己吃太浪费了。于是她把蛋糕放进冰箱，一直等到孩子放学，看着孩子一点一点吃掉了蛋糕，她感到特别快乐和满足。

我喜爱的电影《飘》里也有让我印象深刻的一幕。男主角白瑞德对女主角斯嘉丽说道："我们有了一个女儿，我想疼爱她，就像我想疼爱那个没有被战争、饥饿和恐惧伤害过的你一样。"

很明显，他们都是在用对孩子的爱，弥补自己心里一份隐秘缺失的爱。一份是宠爱自己的渴望，因为觉得这种宠爱"不正当"而转移到孩子身上；一份是去爱妻子的渴望，因为这份爱被妻子拒绝，于是加倍地去爱孩子，来予以补偿。

如果对孩子的溺爱，其根源来自补偿自己某种情感的缺失，那这份爱，注定不那么正常。

在我和钟灵谈话的过程中，她提到了一件关于父亲的事。她认为，就是这件事，让自己多年来深受困扰，不能好好地学习和生活，甚至觉得活着没有任何意义。

原来，当年钟灵父亲爱的并不是钟灵的母亲，而是她的小姨。但是阴差阳错，他还是与钟灵的母亲结了婚，并且有了钟灵。钟灵一生下来，所有的人都说，她长得跟小姨一样漂亮。钟灵渐渐长大，她能感觉到父亲看着小姨时异样的目光，也能感受到母亲和父亲之间“相敬如冰”的关系。她从来没有怀疑过父亲对自己的爱，但这份看似无条件的爱却让她感到莫名的焦虑和烦躁。每当遇到不愉快的事情，她一方面想让父亲为自己解决；另一方面，却又感到烦闷、抑郁，似乎自己受到了冒犯。

当父亲得知了钟灵的感受之后，震惊不已。他没有想到，自己埋藏在心里的一份恋慕，居然那样清楚地被女儿觉察到，并且严重地影响了女儿的生活。他也痛苦地承认，因为在女儿身上能看到自己爱的人的影子，所以她无论做了什么事情，自己总是不忍责怪。

但是，父亲说：“我最爱的人当然是我的女儿。也许我的确曾因为她长得像我喜欢的人而对她特别偏爱，可我爱她的最根本的原因，是因为她是我的女儿！”

这位父亲的话令我叹息。我无意质疑他对女儿的爱，但这份爱，却并不值得称道。

我们每个人都要面对情感的缺失和遗憾，接受一些愿望无法实现的事实。有的人接受了这种必然，哀痛之后继续生活；有的人却固执地想要弥补这些缺失。当他们身为父母，当这弥补情感缺失的途径最终落到孩子的身上时，往往会产生溺爱的倾向。

我不知道别人如何理解溺爱，我把它分为两个层次：

第一层，是对情感对象无条件、无节制地释放爱的行为；第二层，则是隐藏在溺爱对方行为之下的，满足自己释放爱的需求的行为，以及伴随而生的因为不能承担爱的节制而可能带来的不良情绪，如愧疚、对分离的恐惧、因价值感不被充分肯定而产生的不满等。

简而言之，溺爱，是一种隐蔽而无节制的爱。

比如，爱花之人把花摘下，爱的貌似是花，实属放纵自己的贪欲；比如，用伤害自己的方式胁迫恋人不分手，貌似是对恋人的酷爱，实属放纵自己不去面对分离的恐惧。

这种溺爱，从某种程度说，不是纯粹的真正的爱，甚至连喜爱都谈不上。

这无非是一种对自己的情感不加约束而产生的“控制”行为，是裹挟着占有、干扰、控制、想被依赖等杂质的假爱。

影响孩子独立进程的，很可能是你的焦虑

在这些年的咨询生涯中，我遇到过不少因为父母的溺爱而导致成年后不能适应社会、出现心理问题的来访者。

在与他们交流的过程中，我发现了一个典型的现象：溺爱孩子的父母一方，往往会借口孩子单独睡不能睡好，一直陪伴孩子睡觉，有的甚至一直陪到十几岁。而且，大多数来访者并不认为这有什么不正常。他们回忆起自己小时候第一次独睡时的不适应、孤单与恐惧，认为父母只是因为爱自己太多，因此不忍心拒绝自己继续陪睡的请求而已。

事实真是如此吗？

我的精神分析老师曾奇峰曾在进修的课程中，为我们描述了一个形象的场景：

一位妈妈第一次训练孩子独自在自己的房间里睡觉，她为孩子盖好了被子，走到房门口。妈妈说："宝贝晚安，好好睡吧！"儿子回答："好的妈妈，晚安！"妈妈关灯出门。在走廊上，妈妈的内心突然产生了一丝强烈的空洞感，毕竟儿子已经和妈妈睡了好几年了，突然的分离让妈妈焦虑，她无法面对母亲这个角色功能下降而带来的失落与痛苦。于是妈妈踌躇了一下，走回儿子卧室，开灯。儿子充满疑惑地看

着门口的妈妈。妈妈对儿子说：“宝宝，你自己睡不会害怕吧？”儿子思索了一下，对妈妈说：“妈妈，我害怕！我不想自己睡！”

这就是一个心理暗示的过程。它向我们揭示了，所谓的孩子离不开父母、无法适应单独睡觉的故事，其实很多时候，是父母参与制造的谎言。

当然，我并不是说，和父母一起睡的孩子就一定会产生心理问题。

但这种行为确实很可能会影响孩子的独立进程，进而影响到孩子成年以后的生活。

而我感兴趣的是，父母在阻止孩子独立的过程中，往往扮演着爱孩子的角色。但这种行为真正的动机是什么？

我还曾接触过这样一个案例：

一位妈妈和她明天就要初次去幼儿园的孩子聊天，她向孩子讲述着幼儿园里有多么好玩，小朋友有多么友爱，老师有多么温暖，儿子不停地叽叽喳喳，问这问那，显示出强烈的向往。

妈妈看到儿子愉悦的状态，却有些失落，因为别人家的孩子都那么不愿意去幼儿园，舍不得爸爸妈妈，而她的儿子对自己居然没有一丝的留恋。

于是，妈妈对孩子说："宝宝，你明天去幼儿园不要想妈妈，如果有小朋友欺负你，你就去找老师，妈妈下了班就会去接你。"

这些话看上去毫无问题，但孩子可能接收到的暗示信息却是：明天妈妈要离开自己；应该要想妈妈；幼儿园很危险；妈妈选择了上班，放弃了自己。

当这样的暗示信息被孩子接收到之后，孩子立刻显示出对幼儿园强大的排斥反应。等这样的暗示信息经过一夜的沉淀，第二天早上在去幼儿园的路上，孩子果真如妈妈所愿，不愿意去幼儿园，不舍得妈妈离开，哭闹撒泼。

这位妈妈最终因为孩子怎么也不肯上幼儿园而来向我求助。她没有意识到，其实正是自己将这一结果的"种子"播撒到了孩子的心中。

在孩子独立成长的过程中，父母无时无刻不在经受着一种焦虑：我们做父母的是不是不再有用，不再被儿女需要？我们是不是没有能力满足孩子的一切？我们是不是不再能获得满足孩子的成就感？

于是就有了不让孩子独睡的母亲，害怕孩子喜爱幼儿园的母亲，不问是非为孩子转学多次的父亲……这样的父母显然是爱孩子的，可是他们对自己更加心慈手软，他们无法节制自己的爱，无法忍受孩子独立，无法忍受自己在孩子面前不再无所不能。

更深入地说，他们无法面对自己没有及时、充分地满足孩子而带来的愧疚感，也无法面对因自己不再是孩子内心中那位全能超人父亲 / 母亲而带来的价值感和幸福感的缺失。

当父母是会上瘾的，尤其当你认为自己是好父母时。

当你习惯借由满足子女的要求而释放自己内心的焦虑与挫折时，你就在不经意间，成了溺爱孩子的父母。

除了独立，你别无幸福的可能

就在前些日子，一位美丽优雅的中年女性，带着她的女儿和女儿的未婚夫来到我的咨询室，做婚前心理评估。

这是一对看上去非常般配的情侣。男孩高大帅气，从事模特行业，收入高，待人接物的能力也很强。女孩娇小可人，举止也很有教养，留学的经历、富足的家境、顺畅的成长环境，让她看上去像一位高贵的公主。

女孩的母亲私下对我说，女儿是被宠坏了。原来，女孩的父亲中年辞职创业，体验了一番艰辛才获得成功。有了这样的经历，他坚定地“富养”女儿。他送女儿出国留学，留学期间给她钱让她去世界各地旅行，让女儿刷自己的信用卡买奢侈品……女儿回国后，因为不想出去工作，自己开了一家淘宝代购店。可是有一次，父亲看到女儿因为一个差评而气得吃不下饭，就坚决地让女儿关了店。父亲说：“我养女儿是用来疼的，不是让别人给她气受的！”女儿谈过好几次恋爱，都因为吵架而分手了。这一次，因为男生的条件很优秀，女儿也确实很爱他，所以走到了谈婚论嫁的阶段。然而，就在婚事定下来之后，他们的矛盾也开始增加，近期经常剧烈地争吵，甚至有了肢体冲突。每当这时，女儿就会往家里打电话，而父亲总是一边倒地支持女儿。母亲觉得这样下去也不是办法，于是，就把两个孩子带到了我这里。

在给两个孩子做心理评估的过程中，女孩的表现也印证了母亲的说法。她经常会因为芝麻绿豆的小事而发怒，进而斥责男友，男友也不甘示弱，两人之间便会爆发一场大战。

后来，听说这一对吵吵闹闹的情侣最终还是分手了。我感到遗憾，我知道，女孩并非不爱自己的男朋友，而是，她在处理两人矛盾的过程中，缺乏对伴侣的理解、尊重和控制自己情感需求的技巧。

而这些技能，她原本可以在社会交往的过程中，在职场融合的过程中或多或少地习得。

是谁剥夺了她学习这一切的机会呢？

是她的父亲。

除了剥夺女儿历练内心的机会之外，这位溺爱孩子的父亲还无意中传达了这样几个信息：女儿没有能力处理矛盾冲突；女儿不应该、也没有能力面对压力；女儿是不用任何付出就有资本获得幸福的；女儿就是应该被无条件满足。

表面上，我们看不出这位父亲潜意识里的自私目的，但是，苛刻一点，他的潜意识里，何尝不是把女儿的人生当作自己的第二人生，想把自己人生中承受的挫折、苦痛都一一规避？

溺爱常常被忽视，因为它的隐蔽性，也因为它造成的伤害往往不具那样的恶性，且它的表现方式又是那样甜蜜。它让受害者如同生活在梦境，走出的每一步都像踩在云端般柔软。

但它同时又是最危险的。它不动声色地剥夺了孩子适应社会的能力、人际交往的技巧和对自我价值的认同。更重要的是，它令受害者很难感受到幸福。

因为幸福不是来自父母的给予，而是建立在自我体验的基础上。

作为心理咨询师，我曾经接待过很多“不幸福”的来访者。他们童年完整，有爱自己的父母，父母从来都尊重他们的选择，适时地提供帮助，为他们选择最好的学校，当他们有困难时提供资金支持，甚至还会出钱让他们来看心理医生。

曾经有一位来访者，这样描述他与父母的关系：

“我的父母是我能遇到的最好的父母，无可指摘。他们从不对我提出过分的要求，而且总是对我说，我很棒。当我遭遇挫折时，他们告诉我说，我只是不擅长做这件事，其他的事情，我能做得很好。我高中的时候曾经和一个老师发生过强烈的冲突，他们甚至动用自己的关系，把那个老师从我们学校调走。我从大学退学，他们也没有指责我，只是告诉我，他们尊重我的选择，因为他们希望我幸福。”

可是，这位来访者仍然痛苦。他最大的痛苦，就在于他丝毫感受不到幸福。他的描述，让我想起经常在公园里看到的一幕。刚学会走路的孩子被石头绊倒，刚刚倒地，一些父母就会飞扑过来，扶起孩子，开始安慰。我近距离地看过一个孩子先是困惑，继而号啕大哭的模样。

这并不奇怪，因为父母的行为实际上剥夺了孩子的安全感。如果你不让孩子体验刹那间的混乱，给他一点时间，让他明白发生了什么，让他先跟那种挫折感搏斗，他就不知道受挫是什么感觉，也就无法体验战胜挫折的成就感。

同样的道理，父母过度保护孩子，竭尽全力地避免他们不幸福，却从根源上剥夺了他们成年以后的幸福感。

最后的问题是：如果我们是在溺爱中长大的孩子，我们该怎么办？

答案并不那么复杂，就是：自己剪断这根限制了我们成长的“爱的脐带”。

只是——你有这个勇气吗？

我见过太多在溺爱下长大的孩子，他们也曾经一度决心摆脱父母的掌控，但遭遇挫折之后，却又会习惯性地寻求父母的庇护。同时，父母也会利用自己掌握的社会资源，对孩子进行诱惑。优越的生活、好的工作、阔气的住宅、不用费力就可得到的优厚酬劳、光明的前途、幸福的家庭……这是父母许诺给孩子的种种，而他们说不出口的，只是自己内心深处最隐秘的渴望：他们希望孩子永远留在自己身边，做自己爱的承载者。

我也的确见过太多孩子自愿回到了父母的羽翼下，却又喋喋不休地抱怨着父母不让自己独立的例子。

最终我只能说，也许父母的爱的确太过强大，有的人甚至终其一生也无法摆脱这种影响，只能生活在这份爱的阴影之下。

而我能做的，或许只是告诉你：扔掉所有幻想吧，除了独立，你别无幸福的可能。

“

溺爱，是一种隐蔽而无节制的爱。比如，爱花之人把花摘下，爱的貌似是花，实属放纵自己的贪欲；比如，用伤害自己的方式胁迫恋人不分手，貌似是对恋人的酷爱，实属放纵自己不去面对分离的恐惧。

当父母是会上瘾的，尤其当你认为自己是好父母时。当你习惯借由满足子女的要求而释放自己内心的焦虑与挫折时，你就在不经意间，成了溺爱孩子的父母。

”

“

如果你不让孩子体验刹那间的混乱，给他一点时间，让他明白发生了什么，让他先跟那种挫折感搏斗，他就不知道受挫是什么感觉，也就无法体验战胜挫折的成就感。父母过度保护孩子，竭尽全力地避免他们不幸福，却从根源上剥夺了他们成年以后的幸福感。

”

真正的爱，让你自由

为什么父母给予我全部的关爱，我却得不到快乐？

为什么无论怎么努力，我也不能让自己惶恐的心释然？

父母爱我吗，还是仅仅在利用我获得满足感、成就感？

当我感觉不到爱，是我的感觉出了问题，还是那份爱并不存在？

他叫云博，十七岁的男孩，白而纤瘦，一看就是关在屋子不见光的“豆芽菜”。他从六岁就练钢琴，但是完全不见有郎朗的那种气度，而是一副萎靡不振的样子。

云博有一个爱音乐的父亲。但是，时代或者际遇不总是优待所有有梦想的人。和很多人一样，父亲把自己对音乐的梦想寄托到孩子身上。其实，云博还有个姐姐，比他大两岁，从小学小提琴，不过已经不在人世了。

这一天是姐姐的忌日，但是父亲和母亲只是忙着帮云博准备开学用的东西，好像忘了这个忌日，好像姐姐从来没有存在过。父亲非常开心，因为云博要去念大学了，北京的音乐学院。他在里屋唱着《今夜无人入眠》，唱得让人不仅耳朵，连胃里也很不舒服。

母亲在孩子们的眼里是一个可怜人，没什么文化，勤劳肯干。她只知道一味附和丈夫，附和他那花费昂贵的音乐梦想。

母亲递给云博一张银行卡，她说卡里钱不多，让他省着点儿花。母亲又说要帮儿子收拾行李，云博把她推出了房间。过了一会儿，父亲来敲门，说：“放着让你妈帮你收拾吧，你别累着了。”云博理都没理，故意弄出很大的响动。

没过几分钟，父亲又开始敲门，声音里带着怒气：“你今天是怎么了，故意闹别扭是吧！你这样下去，怎么好好弹琴？你别以为你考上音乐学院就了不起了，以后的路还长着呢！你有今天容易吗？你想想你姐姐，她要是能取得你今天的成绩，会像你这样不懂珍惜吗？”

听到父亲提起姐姐，云博猛地一下拉开了门，父亲赔着笑脸："我和你妈给你准备了礼物，你要不要出来看看？"

走到客厅里，云博并没有看到什么礼物。他不禁嘲笑自己幼稚，他那拮据了半辈子的父母，当然不可能买一架三角钢琴放在眼前。这时父亲走了过来，将一个塑料袋递到儿子眼前，云博打开一看，居然是一件燕尾服，做工精致，一看就知道价值不菲。

"怎么有钱……"云博问道。

"姐姐一定希望你把她的梦想继续下去。所以，我把她的小提琴卖了。你要替你姐姐站在最辉煌的舞台上。"

父亲还没说完，云博就只觉得一股血涌上脑子，他的心发抖，牙齿发抖，他挥拳向墙上的钉子砸去……父亲的眼里满是惊恐，儿子在毁他的宝贝——那弹钢琴的手，这手不能坏！云博自己心里也闪过一丝惊惧，但随之而来的是一股强烈的快意。

云博的怒火从姐姐去世那一天起就在胸口荡漾。云博姐姐是自杀的。两年前，她考音乐学院失利。开学前夕，她穿着自己的演出服，把自己吊在了风扇上。

有些爱，如鲠在喉

在云博被送来我的咨询室之前，我曾接待过一位女性——未辰。

她的母亲在前年二月自杀身亡。未辰对我述说她与母亲的关系时，话语中充满了内疚和后悔。她说："我对不起妈妈，如果我没有那样伤害她，她就不会死。我永远也无法弥补自己的罪过。"

应该说，未辰的人生是从未降生就注定的。她的母亲曾经是一位不错的小提琴独奏演员，后来因为排练时踏空，从舞台上摔下来，导致终生瘫痪。未辰是她冒着生命危险生下来的，一出生就肩负着母亲的全部梦想。在未辰的记忆中，她不是在练琴，就是在奔赴练琴的路上。上学对她来说，是母亲对她的奖励。多少次，学校的老师找上门来。未辰躲在门后，盼望着老师能够带她离开家。但是每一次，老师都无功而返。母亲坚称未辰是天才，不应该像其他平凡的孩子一样循规蹈矩地长大，也不需要学习那些无用的文化课程，而应该将全部时间用在音乐上。

一开始，未辰并未令母亲失望，她顺利地考上了音乐学院，师从著名的小提琴家。学校将为她举行毕业音乐会，这对她是个极大的荣誉。但是，前途光明的未辰，却在毕业前夕忽然结婚，结婚的对象只是一个普通的生意人，而且比未辰大十几岁。未辰的选择没有被母亲认可，两人大吵一架以后，未辰冲动地选择了离家出走。

末辰发誓永远不会向母亲低头，可她万万没想到母亲会自杀。母亲的死改变了一切，末辰开始回忆起母亲培育自己的点点滴滴，回忆起与母亲度过的美好时光，回忆起母亲对自己的期待，她痛不欲生。

我问末辰："你是否觉得，母亲的去世与你有关？"

她承认自己是这样想的。

我再问："如果你预见到母亲会因此而死，会不会改变自己当初的选择？"

她说："至少我会求她原谅我，而不是采取离家出走这种极端的方式。"

我问："但你其实是无法预见到这个后果的，所以，你做了自己当时认为正确的事。"

末辰犹豫了。最后，她回答我说，其实她心里很清楚，母亲会因为这件事而绝望，但她当时的感受是，如果按照母亲给她制订的人生规划一直生活下去，迟早有一天，她会自杀或者发疯。

我又问："为什么你当时会有这样极端的感受呢？"

她说："因为我感觉，母亲并不爱我，只是利用我实现她自己的梦想而已。随着年龄的增大，这种感觉愈发强烈。我已经很努力地练琴，但只要稍微做得不好，就会被她痛斥。我觉得自己没有任何尊严，而且永远也达不到她的要求，我感到绝望。"

对自己未来的人生感到恐惧的末辰，选择了当时看来最简便的一种逃脱方式：结婚。她向我坦承，自己并不是深深地爱上了那个男人，而仅仅是决定嫁给他而已。嫁给他，意味着自己可以从母亲严酷的要求中逃出，进入一个稳定、舒适的环境，不会为生活担忧，也不会再面对无止境的苛求，最主要的是自己可以从此获得自由。

但是，母亲的死让未辰意识到，不管母亲爱不爱自己，如何对待自己，自己都深深地爱着母亲。身处强烈痛苦中的她，无从弥补自己对母亲的愧疚，甚至迁怒于自己的丈夫。在来进行心理治疗之前，她正式与丈夫分居。虽然她对我说，两人分居的原因是因为性格不合，但在随后的探讨中，她承认，她潜意识里认定，丈夫和自己一样，都是杀害母亲的刽子手。

我对未辰的遭遇深感同情。但我认为，她一味强调对母亲之死的愧疚，其实并不真实。

我并不是指责未辰说谎。我相信她对母亲的爱，相信她的内疚之情，但是，如果听任这种内疚掩盖了其他的情绪，这并不利于她面对、处理失去母亲这一巨大的伤痛。

我首先跟她强调，她毕业时结婚的决定，虽然未免鲁莽，却完全正当。原因很简单，当时的她已经成年，有权决定自己的人生道路，有权决定自己的婚姻，亦有能力去承担自己任何错误决定的后果。

未辰反驳道：“可我妈妈为我付出了那么多，甚至冒着生命危险生下我。我当时的决定是自私的，伤透了她的心。”

未辰对自我的攻击，看似是自责与检讨，其实是在逃避：一方面她需要为母亲的死伤痛欲绝，以降低外界对她以及她对自己的指责，缓解内心的罪恶感；另一方面，这种伤痛欲绝也是对自己无辜地成为“凶手”的一种哀悼。

更进一步说，在这种内疚与自我攻击的氛围中，她下意识地美化了自己与母亲的关系。

“妈妈是爱我的，为了我能学琴，她卖掉了自己最心爱的手镯，那还是外婆留给她的遗物。”

“妈妈是爱我的，她带我认识了音乐大师的魅力，丰富了我的人生。”

“妈妈是爱我的，她脾气不好，可是当听到我拉琴的声音，她总是笑得很温柔。”

……

可是，如果你的母亲真如你所形容的那样爱你，为什么会采取这样一种绝对会伤害你的方式，来结束自己的生命？

当我问出这句话，未辰号啕大哭。

拨开内疚情绪的遮盖，我看到了未辰心中对母亲的愤怒。这种愤怒，在来做心理治疗的人身上并不少见。上文中的云博就是一例。他的父亲与未辰的母亲一样，都是音乐爱好者，都希望儿女完成自己未完成的梦想。云博和未辰，也都一度接近了父母的梦想。他们不得不相信，父母对他们的教育方式，是源于对他们深切的爱。然而，他们内心深处却有一种自己始终没法面对的无力感。

未辰曾经清楚地意识到，如果按照母亲给她铺设的人生轨道一直走下去，她会发疯或者自杀。她曾经孤注一掷地反抗母亲的这种安排，但母亲的死却令她在自责中，放弃了自己反抗的意志，对母亲缴械投降。

我对未辰说：“你的离家出走是一个事件，不同的人面对这个事件会有不同的反应；相同的人面对相同的事件，心态不同，事件对这个人的影响也会呈现不同的结果。其实你是希望通过离家出走让母亲认识到她对你的爱是一种伤害。虽然事与愿违，但这个行为本来就有两个以上可能存在的结果。所以，母亲的选择是她自己的，虽然和你的行为有连带关系，但并不是你造成母亲的离开。”

如果未辰不解决这个问题，不认清自己与母亲之间真实的关系，那么，母亲的死带给她的心理冲击就不会消失。与之相伴的，是母亲对未辰的控制也不会消失。

爱，是一切动力的源泉

我们回到云博的案例。这个男孩来到我的咨询室时，手上缠着厚厚的绷带。与未辰的自责不一样，他对父亲怀有满腔的愤怒。在他的口中，父亲与暴君、恶魔无异。咨询过程中，他一直在强调，是父亲逼死了姐姐。

原来，云博的父亲是一位转业军人。他年轻时曾有机会入选部队文工团成为一名歌唱演员，但最后未能如愿。父亲转业以后，一直没有放弃音乐理想。他让女儿学习小提琴，让儿子学习钢琴，用自己并不丰厚的工资为子女置办了乐器。孩子的妈妈虽然没有什么文化，但全力支持父子三人的音乐事业，不仅家务活从不让他们沾手，甚至外出捡垃圾卖钱贴补家用。多年来，音乐课程差不多用光了夫妻二人所有的收入，一家人始终生活窘迫。所幸孩子并没有辜负父母的教育，弟弟进入了音乐学院附中，姐姐也在全国小提琴比赛中获奖。父亲没有想到，女儿竟会在第一次考音乐学院失利后突然自杀。

云博记得成绩出来那一天，父亲毫不掩饰内心的沮丧，把自己锁进了里屋。他坐在客厅里，胆战心惊地听着父亲压抑住的哭声。母亲惊慌失措，用力拍着房门，语无伦次地安慰着父亲。全家人中，只有姐姐是平静的，她似乎并不期待任何人的安慰，甚至轻轻地哼起了歌。

显然，姐姐在那一天，就已经决定了要结束自己的生命。

云博给我看了他偷偷保存的姐姐的遗书：

我恨妈妈，她的眼里只有爸爸一个人。我更恨爸爸，因为他的世界里只有他自己。我恨音乐，可我除了音乐一无所长。想到自己的人生还要这样重复不断地延伸，我感到绝望。以前我总觉得，忍耐吧，总有熬出头的那天。可是，现在我等不到那一天了。

云博的父亲将音乐作为自己对幸福的全部期待。梦想受挫的他，希望孩子实现自己的梦想。这样的父母总是对孩子说：“这一切都是为你好，都是出于对你的爱。”然而，他的儿子和女儿却说：“我恨他。他根本就不爱我们。他只爱他自己。”

现在的问题是：如果路人甲不爱你，你会因此感到绝望吗？

答案是“不会”。人们只会为得不到自己所爱的人的爱而痛苦。

人们常说：父母对子女的爱是最无私的。

事实上，婴幼儿年龄段的孩子对父母的爱才是最无条件的。无论父母是什么样的人，处在人生初期的孩子都会绝对地爱他们。因为父母是他们接触世界、认知世界，进而建设自我的唯一渠道和模本。孩子渴望得到父母的爱抚、认可、关怀，受到伤害时，会本能地寻求父母的保护。当父母受到伤害的时候，再弱小的孩子也会忠诚地捍卫自己的父母。

父母对孩子的爱，却往往不是这么纯粹。

未辰的母亲、云博的父亲，他们都在有意无意中，以爱为名，将孩子当成了实现自身梦想的工具。

当云博的父亲为给孩子买乐器而与妻子一起拾废品卖钱，当未辰的母亲为了孩子的学费而卖掉母亲传给她的镯子，当他们面对着孩子的成绩露出欣慰的微笑时，有人能怀疑他们的爱吗?

唯有他们的孩子，从心底深处，不觉得被爱，不觉得幸福。因此，他们才会痛苦、挣扎，他们努力地向父母的目标靠近，以期得到父母的爱，让全家人都幸福。但他们发现，这种挣扎是徒劳的。父母褒奖他们是因为他们在为实现父母的梦想而努力；他们稍一违背父母的心愿，就要面对父母的长吁短叹，甚至严厉责罚。也许他们心里明白，但不愿承认，父母给予他们的是“控制”，是以爱为名加诸他们身心的“操控”。

人们经常说：爱是生命的源泉。从心理学的角度来说，“爱”，能够激发人意识深处的“生的本能”，让人拥有向上、繁衍、快乐、获取成就的动力。

而没有感受到这样的爱的孩子，就丧失了这些动力。所以他们痛苦，他们感受不到快乐，甚至可能做出极端的举动。

报复换不来赞美和关爱

我曾接受过一个被父母强行捆来的“问题少女”的咨询。

女孩有很强的自杀倾向，这次自杀干预进行得很艰难，持续了五六个小时之久，结束之时，女孩才打消了轻生的念头。

这个女孩，有一对成功而强势的父母。父母很在乎家族的荣誉，他们给孩子设定了很多学习任务，孩子获得了成绩，他们便四处炫耀。女孩众多的学习项目当中有一项是芭蕾舞，或许女孩在这方面真的很有天赋，她很快就获得了较好的成绩，也拿了很多奖。然而，在一次大赛前夕，女孩的脚踝受伤了，虽然不至于残疾，但她每一次立起脚尖时都觉得筋骨要断裂了，那种痛彻心扉的感觉让她想要放弃最后的决赛。

这时，妈妈对女儿说：“你不能放弃，因为我已经告诉所有的亲戚朋友，你会参加这次比赛。如果你进入前三名，咱们就可以一起去欧洲巡演，你还会拿到某个高等艺术学校的录取名额，那样不仅是我们家庭的荣誉，更会让你前途一片光明。”

女孩没能完成这次比赛。她虽然竭尽全力坚持，但最终还是摔倒在了舞台上，没有获得任何名次。这对女孩自己也是一个很大的打击，但父母只是说了几句“运气太不好了”“真倒霉”这样毫无意义的话，其余的时间便是忙着跟亲戚解释，并且立刻替她在下一次的比赛中报了名。

女孩说，那次事件让她觉得父母根本不爱她。她开始和一些追求她的男生靠拢。那些人不要求她有什么家族荣誉感，更不会因为她没有获得什么名次而责怪她。在这些人身上，她体会到了长期以来没有体会到的关怀和温暖。

然而一次酒醉之后，女孩被几个男孩轮奸了。

在那之后，女孩便离家出走，在不良场所厮混，成了一个“问题少女”。母亲最终找到她的时候，她正和一群男生住在一起，听到母亲在门外喊话的声音，便慌忙地躲进了衣柜。母亲拉开衣柜，看到赤身裸体的女儿，彻底崩溃了。

这是发生在我咨询生涯里较早的一个案例。前段时间，我看了获得多项奥斯卡奖项的电影《黑天鹅》，看着那个为实现母亲芭蕾人生的梦想而最终精神分裂的小女孩，这个女孩的身影突然又浮现在了我的记忆中。

我记得，坐在我工作室里的女孩，脸色苍白，满眼都是对父母的恨意。她说，自己之所以沦落到这个地步，全是被父母害的。她恨父母，但也痛恨现在的自己。她觉得，解除耻辱、结束痛苦的唯一途径，便是结束自己的生命。

而女孩的母亲则哭诉，说女儿这样伤害自己，是对她的报复。

“报复”这个词并非没有道理。但是，母亲似乎从未想过，女儿为何要报复她？

多年的心理咨询经验告诉我，越是感受不到父母正确的爱的子女，越会在情感上与父母纠缠不清。他们怨父母没有看到他们自身的价值，他们恨父母剥夺了他们主导自己人生的权利，他们需要父母给予自己（而不是父母的作品）价值的认可，他们需要得到父母真诚的赞美和关爱。

为了这个愿望，他们会无休止地和父母发生冲突。最极端的方式是用伤害自己的方式来报复父母（未辰的结婚、云博的自残和云博姐姐的自杀，都可以作此解释）。

我们无法指责他们，因为这是生活让他们学会的唯一的爱的方式。因为他们从父母那里领受到的“爱”，只是痛苦和挣扎，所以他们也只能用让父母痛苦和挣扎的方式，来表达自己对父母的爱。

他们用爱，囚禁了自己爱的能力，同时也囚禁了自己。

怨恨的消逝，才是自由的开始

我记得，在一次心理咨询师的交流会议上，老师们讨论了弗洛伊德关于控制关系的理论。

孩子在二至四岁期间会经历一个很有意思的时期：从生理上看，那就是孩子从无法控制自己排便，到肛门的括约肌发育成熟能够控制自己大小便的排泄；从心理角度来说，这是孩子第一次领悟到控制的重要性。弗洛伊德把孩子这个时期的精神结构发展命名为“肛门期”。

孩子的肛门期一般经历两个月左右就会结束，然后转入下一个阶段的心理发展。

然而，在我们国家，很多父母也会在这个时期开始给孩子进行音乐启蒙教育。从 20 世纪 90 年代中期直到现在，父母选择的音乐启蒙乐器大部分会是钢琴或小提琴。

所以有的老师打趣说：“在中国，应该把弗洛伊德命名的‘肛门期’换成‘钢琴期’。”

或许通过钢琴或者其他乐器来学会控制也不是一件很糟糕的事，但有一个很重要的区别是不能忽略的：小孩子通过大小便学会的控制，是自己控制自己的意志和躯体；而父母通过让孩子学习乐器获得的控制，是孩子通过顺从父母的意志来完成对自己意志和躯体的控制。

前者主动，后者是被动接受。

学习音乐能够锻炼孩子的耐性，能够让孩子获得良好的气质，能够让孩子获得敏锐的情感捕捉能力，一句话——能给孩子带来很多的益处。

我记得，我喜爱的作家三毛，她的父亲从小也要求她们姐妹学钢琴。她父亲说：“并不是想让你们以此为生，但当你以后的人生遇到重大的悲伤时，音乐可以安慰你。”

所以，让孩子学习音乐本身没有错，但很多父母的出发点，是将自己未能实现的人生理想转嫁到孩子的身上。

这样一来，孩子即便获得了成功，也是用他获得的成功来成就父母的幸福感受。

这种成功，不能转化为孩子自身的幸福感，更何况，不是所有人都能在音乐之路上获得成功。由此而来的挫败感，加上对父母的负疚感，会让孩子在痛苦中迷失。孩子会认为自己只是父母用来实现梦想的工具，不敢面对自己不被爱的事实。他们努力地想找回属于自己的人生，却在这个过程中不断受伤。

很多孩子因为缺乏对自己的正确认识和信任，因为有过被当成工具的感受，从而无法获得温暖的爱，甚至放弃自己、放弃生命，就像云博和他的姐姐。

云博心中对父亲的愤怒，一如我们前述未辰对母亲的愤怒一样，愤怒的根源，在于孩子认为父母并不是真正爱自己。

可是，这种认识，并不能帮助他们从自我伤害中解脱。

于是我问云博：“在你和爸爸的关系中，有没有让你觉得幸福，觉得温暖的时刻？”

云博流泪了。

他告诉我，他记得小时候，他第一次在钢琴比赛中获奖时，爸爸把他搂在怀里。爸爸很激动，眼泪都流出来了。那天，他觉得爸爸很好，觉得自己无比幸福。

那是父子之间一次幸福的共振。父亲将自己的幸福感觉传递给了云博，还是孩子的云博，将这种幸福感全盘接纳。

而传达这一共振的纽带，是拥抱，是父子之间的爱。

虽然随着云博的长大，随着他自我意识的成长和父亲控制欲望的增强，这条纽带已经被破坏，但谁也不能否认，它曾经存在。

云博终于明白，父亲寄托在他身上的，不仅是自己的音乐梦想，更是自己对幸福的全部理解和期待。只是在父亲的意识当中，幸福只能够通过音乐来完成，没有其他的可能性。显然，父亲对幸福的认识有缺失，他并非一丝都不爱自己的儿女。

云博既然已经上了大学，他下面要做的，就是真正独立，把父亲当成一个人来看待，不是他要为之牺牲的神，也不是监管自己的恶魔。他不需要再以父亲的梦想为梦想，也不需要以伤害自己来实现对父亲的报复。

末辰也是一样，不需要再为妈妈的离世而惩罚自己。

当然，她的问题更复杂一点，就是她心里还存有一个疑问："我和妈妈到底谁对谁错？"

我回答："妈妈错了。但谁说我们的爸爸妈妈就不能、不会犯错误？你没有错，但你如果继续用别人的错误来惩罚自己，就真是大错。"

末辰说："她不是别人，她是我妈妈。"

我答："她是别人，她不是你。"

如果你曾被你爱的人当作工具，那么你最重要的心理建设，便是与操纵你的人从根本上分离。

这种分离，并不意味着隔断亲情，而是你要足够强大，成为一个真实的个体。

你是独立的，你是自由的。你不需要为他人的愿望牺牲自己，也不需要为他人的错误惩罚自己。

你获得的幸福，就是解开"错误的爱"的魔咒的钥匙。

“

爱是生命的源泉。从心理学的角度来说，“爱”，能够激发人意识深处的“生的本能”，让人拥有向上、繁衍、快乐、获取成就的动力。而没有感受到这样的爱的孩子，就丧失了这些动力。所以他们痛苦，他们感受不到快乐，甚至可能做出极端的举动。

越是感受不到父母正确的爱的子女，越会在情感上与父母纠缠不清。

因为他们从父母那里领受到的“爱”，只是痛苦和挣扎，所以他们也只能用让父母痛苦和挣扎的方式，来表达自己对父母的爱。他们用爱，囚禁了自己爱的能力，同时也囚禁了自己。

你是独立的，你是自由的。你不需要为他人的愿望牺牲自己，也不需要为他人的错误惩罚自己。

”

PART 03

为自己的人生负责

PART

03

为自己的人生负责

- 你的人生除了孤独还应有爱和温暖
- 在婚姻中，照见你自己
- 改变谁，都不如活成你自己重要

07

你的人生除了孤独还应有爱和温暖

你对别人说得最多的话是：“不好意思”，“对不起”，“谢谢”。

你最害怕给别人添麻烦。

你是一个好同事、好伙伴，

但无法融入笑闹的人群，总是觉得寂寞。

你无法建立起亲密的关系，

就算你再爱，也说不出一声“请你别走”。

有的时候，你是否觉得，

在你的一生中，没有被人温暖地爱过？

她叫陶艺。

她自称是一个“爱无能者”。

她有过两段恋情，但是都以失败告终。

第一次是上大学的时候。陶艺外表上是一个温和的女孩，对人很有礼貌，人也随和，虽然不会很快和人打成一片，但是在哪里都不惹人讨厌。她和所有人的距离都不远不近，没有什么敌人，但是也没有关系特别亲密的朋友，如果谁想和她走近一步，她就会礼貌地把人推开。

但是，在网上，她是一个无比火热的人。对没见过面的人，她能畅所欲言，对没聊过几次的人，也能吐露心事。她长期泡在论坛里，还张罗了一次聚会。就是那次聚会，她认识了一个男人，大家叫他“哥哥”。“哥哥”平时话并不多，但是举手投足间尽显成熟男人的魅力。在这样的人跟前，陶艺会故意夸张地讲自己，但是脸又总是背对他。

后来，还是论坛上认识的那些朋友，约定一起去西藏。陶艺暗暗地期待着“哥哥”。当他真的出现在青年旅社的火盆前，陶艺感到从未有过的心动，别过脸去，差一点流出泪来。

后来，与其说莫名其妙不如说顺理成章地，陶艺和“哥哥”在一起了。可是没过多久，她知道“哥哥”是有家室的人。她没有给他任何解释的机会，单方面地让“哥哥”在自己的世界消失了。之后，她在左肩的肩胛骨处文了玫瑰。

三年以后，陶艺有了第二段恋爱，但是又很快结束，因为对方说她是一个让人很难走进内心的人。陶艺想：“我就是这样吧。”所以，她也没有做任何辩解和挽留。只是，那个时候，她在左脚的脚踝上又文了一朵玫瑰。从那之后，她文身上瘾，每当生活中出现什么不顺，她都会有去文身的冲动。

偶然的一个机会，她得知，当年“哥哥”拼命地找她，还净身出户，不顾妻子挽留离婚了。这时，她才恍然大悟，原来“哥哥”是爱自己的。她不能原谅自己当时那样冷漠地离开。那天，她第一次想到了死，因为她不知道还有什么方式，可以减轻内心的痛楚。

两段感情，她都是用心爱的，可是她过早地给它们判了死刑。对于问题，她从来只是逃避，因为她骨子里自卑，她先入为主地认为自己没有爱的能力，也没有被爱的权利，尽管，她是那样渴望爱。

幸福都是自己推开的，可是她觉得这不能怪她，要怪就怪她的家庭，怪她妈妈。

陶艺的妈妈是一个家庭妇女，受的教育不多。据说陶艺出生的时候是难产，把母亲折腾得差点没命。在陶艺的记忆中，母亲只会亲近哥哥，而对自己总是无缘无故地客客气气，像对一个外人。虽然零花钱上陶艺从小比哥哥的多，家里有好吃的东西母亲也会留给陶艺，不准哥哥吃。父亲是外派工作的，和陶艺也没什么交流。小的时候，陶艺总是怀疑自己是领养的孩子。

陶艺大学毕业那年，父亲去世，母亲也到了上海和她一起住。陶艺很想对母亲好，可她发现，母亲仍然待她如外人，每天给她做好饭，都会小心翼翼地问她合不合口味，却会在晚上和哥哥打很长时间的电话。陶艺有一天听到母亲在电话里对哥哥诉苦，埋怨哥哥没出息，说自己活着没意思，她感到一阵揪心。后来母亲向陶艺借钱，说是帮哥哥还债。陶艺不声不响地将卡里所有的钱都取出来给了母亲，母亲不停地道谢，说将来哥哥一定会报答陶艺，陶艺听都不想听，冷漠地摔门离开，第二天就向工作的报社递了辞职信。

陶艺说，自己的生活里没有爱。她没有恋人，没有闺密。她难得的两次真爱她都错过了。生活像在干冷的沙漠上行走，她甚至想，也许死亡才是最好的结局。

在死之前，她要去一趟西藏，寻找自己爱情的遗迹。

▶▶ 礼貌，有时候是最温柔的暴力

我曾接待过一个叫楠楠的女孩。她患有抑郁症，已经自杀过好几次。送她来做心理治疗的，是她的妈妈。从她们踏进我的咨询室的那一刻，我就觉得这对母女之间有哪里不对劲。直到楠楠的妈妈关门出去的时候，不小心撞到了楠楠，忙不迭地跟她道歉时，我才恍然大悟：这对母女之间最不自然的东西是母亲对女儿的那种过分的礼貌。

原来，楠楠的父母感情非常好。他们原本不打算要孩子，楠楠是个意外，因为一次避孕失败，才来到了这个世界上。女儿的出生并没有让夫妻俩感到为人父母的喜悦，反而令他们觉得无所适从。对他们来说，这个新来的小生命，就像二人世界里的第三者，他们不知该如何对待女儿，两人都有了不同程度的产后抑郁症。后来，他们以工作忙无法照料女儿为由，将楠楠交给姥姥抚养。姥爷姥姥对外孙女十分宠爱，楠楠也在这样的宠爱当中顺利地成长。可楠楠五岁的时候，姥姥因为突发疾病去世了，楠楠也就回到了父母的身边。

之前，楠楠对父母的印象，就是时不时牵着手去姥姥家看她的一对儿叔叔阿姨，他们总是给她带去很多礼物，但留在她记忆中的，只有他们彼此亲昵的背影。那天接楠楠回家的人是爸爸。一路上，爸爸似乎有些紧张，不断地问着楠楠一些琐碎的问题，幼儿园怎么样，老师对你好不好，你喜欢吃什么……

楠楠不记得自己回答了些什么，她只记得，回到家她第一眼看到的是妈妈布满泪痕的脸。爸爸立刻放下楠楠的行李，抱住妈妈的肩开始安慰她。楠楠站在一旁，无所适从。她不知道该怎么去安慰妈妈，最后，她给妈妈倒了一杯水。当她小心翼翼地走过去，将水递到妈妈手里时，爸妈好像才忽然发现她的存在。妈妈似乎被吓到了，她慌乱地接过水，对楠楠说："谢谢，谢谢，麻烦你了！"

在向我描述这个场景的时候，楠楠的身体控制不住地颤抖起来。这是她成长期间最常遇到的场景。后来的日子，虽然她和父母的关系不再像刚回家时那么生分，但只要她尝试着靠近妈妈，妈妈总会显得很紧张，无论她为妈妈做什么，妈妈总会很客气地向她道谢。

她第一次自杀，是有一次她提前放学回家，发现爸爸妈妈在房间里，高兴地不知说着什么话。她不由自主地站在门口，羡慕地看着他们。发现楠楠过去了，妈妈为难地看了一眼爸爸，爸爸便向楠楠走过去，礼貌地说："楠楠你去忙吧，不用管我和你妈。"

然后，爸爸关上了门，门那边再次传来爸爸妈妈的嘻笑声。

礼貌，是一种防御性的社交技巧。往往交情越浅、越陌生的人，我们才会对他们越礼貌。因为我礼貌，你不好意思给予我指责批评；因为我礼貌，对于一些你对我的不满意你也会尽量克制。礼貌也是索取帮助、获得满足的一种温柔的进攻方式。因为我礼貌，你不能很生硬地拒绝我的示好；因为我礼貌，你不好意思直接推辞我的求助；因为礼貌，你狠不下心和我斤斤计较。礼貌能够淡化我们因对他人感到陌生而产生的恐惧。同时，我们倾向于认为，他人会因我们的礼貌而降低对我们的拒绝、否定、攻击的可能性。

心理学中，把这种向危险、恐惧的对象表现出加倍礼貌的行为，和在面对攻击时自动采取依从态度的行为，称为“被动”的自我保护（防御）手段。（J. 布莱克曼《心灵的面具：101 种心理防御》）

在家庭情感当中，礼貌原本没有问题。但当礼貌成为某一个家庭成员的专属时，就会成为一种非常强烈的伤害，它是隐藏在爱的名义下的软暴力，让你痛，让你不明就里。

因为这种礼貌的姿态，也是一种无声的宣示：你是外人，并不是我们之中的一员。

咨询中，楠楠哭着对我说，她曾经怀疑自己不是父母的亲生女儿。可因为长得实在太像，加上父母不遗余力地满足她的物质需求，她才放弃了这个猜疑。但是，确认自己是亲生的，并不能减轻她任何的痛苦，相反，无数个夜晚她都在心里狠狠地追问：

如果我是你们的孩子，你们为什么这样对我？

如果我不是，那么我是谁？

她不得不靠自杀这种激烈的行为和随之而来的强烈痛苦来确认自己的存在，并肯定自己是家庭中的一员。

可这样的行为，只是一种恶性循环，不仅不会帮助她走出伤痛，反而令她沉浸在自我惩罚的情绪中无法自拔，她忘了，原本错的并不是她自己。

伤痛也许是可怕的，但最可怕的，是我们不知晓伤痛从何而来。

▶▶ 承认缺失，接受伤痛，就是自我疗愈的开始

楠楠的案例或许有些极端，但其实在陶艺的身上，我们也能看到些许相似的症候。

和楠楠一样，陶艺也是一个被母亲过分礼貌对待的孩子。

咨询中，陶艺也对我讲述了她成长过程中最刻骨铭心的一件事。

初三的时候，爸爸的单位组织旅游，因为她面临中考，爸爸便带着哥哥去了。家里只有陶艺和妈妈单独在一起。一天妈妈起来做早饭的时候，忽然晕了过去。陶艺吓坏了，她给妈妈冲了一杯糖水，守在妈妈身边。谁知道，妈妈醒来的第一句话居然是："对不起，耽误你上学了！"

陶艺说："我当时很想对她说，上学哪有你重要！可是，她不停地向我道歉，不停地催促我去上学，我只好背上书包出了家门。下午的时候，我和老师请假提早回家，打开门才发现，爸爸和哥哥也回来了。爸爸在厨房里做饭，他们的房门开着，我看见妈妈流着泪，拉着哥哥的手埋怨他：'你怎么不早点回来？你回来，我就好了！'"

那天，陶艺悄悄地走出了家门，她想找个地方一死了之，她走到了小城的护城河边，可到底还是没有勇气跳下去。晚上十点多的时候，她终于回到了家。打开门，家里还亮着灯，妈妈就像没事似的，与哥哥坐在一起说笑。注意到陶艺进门的只有爸爸，

但爸爸也只是轻描淡写地对她说："去哪儿了？以后早点回来。你看你妈都累病了，你要懂得体谅。"

那晚陶艺躲进房间，默默地哭了很久。没有人发现她的哭泣，仿佛她真的不是这个家庭的一员。于是她下定决心，以后要离家远远的。她考上了上海的大学，从那以后很少回家。直到后来爸爸去世，妈妈跟她住到了一起，她和"家"的联系才逐渐恢复。

可即使现在她在家庭中地位已经很重要，即使哥哥和妈妈都在依赖着自己，她有时还是会悲从中来。一会儿为过去受到的待遇愤愤不平，一会儿又开始责备自己，是不是哪里做错了？明明已经尽力了，为什么妈妈和哥哥还是不满意？

我问陶艺："现在你和妈妈的关系如何？是否还像小时候一样？"

陶艺说："现在妈妈在我面前怯生生的，我说话稍微大声一点儿，她就好像吓得要跳起来。可她的这种态度让我觉得更加烦躁。我常控制不住地对她发脾气，她很容易就被我说哭，可是她一哭，我心里就很难受，觉得自己不孝。毕竟我的家人并没有亏欠我，从小好吃的都是给我不给哥哥，包括上大学也是让我去上，他们对我其实还是很好的。"

"他们对我其实还是很好的"，这是陶艺对自己家人的描述。

这个句式本身，就让人感到一种深深的不满。

原本，陶艺对妈妈的态度是不能理解、接受甚至充满愤怒的，但如果怨恨妈妈，就会让陶艺陷入深深的自我批评当中，而这样的愤怒和自我批评会在陶艺内心形成强烈的自我冲突。

在心理防御的种类中，有一种叫作“反向形成”，大概的意思是：将对某件事情的认识转向它的反面。

常见的表现是：你是如此的友好，以至于你无法说出自己是生气的。

但那种愤怒如果不通过正当途径释放，就一定会伤害到自身。楠楠通过自杀释放愤怒，陶艺通过文身排解内心的痛楚，这种无奈又绝望的选择，令人心痛。

家庭，是社会的基本单位，我们每一个人，都首先在家庭中感知自己的存在。

我们都渴望被家人爱，我们在这份爱中，确认自我的位置，获取支持我们自我认知的正面能量。被父母用过分的礼貌与家庭隔离开的孩子，是失去了这份支持的能量的，他们甚至感觉不到自己的存在。

只不过，大多数人不会像楠楠一样，用自杀这种极端的方式来抗议。而是会像陶艺那样，寻找着自己被爱的蛛丝马迹，以免因这份爱的缺失，给自己带来毁灭性的打击。

陶艺是一个非常坚强的女孩。她外出上学，独自谋生，找到一份不错的工作……用自己的力量，构筑了独立的人生。可是，这样的人生并没有令陶艺感到快乐。她对我说，她知道自己的生活出了问题，但不能清楚地表述出问题在何处。

她真的不能吗？

我请陶艺描述最欣赏自己的地方，她列举如下：

> 非常独立，工作上和生活上都是；
> 不喜欢麻烦别人，有事宁愿自己解决；
> 不喜欢哭，可以很好地控制情绪；
> 对感情不想太投入，觉得人和人之间应该保持安全距离；
> 被很多人说冷漠，但并不在乎，因为那是自己的个性。

我又请陶艺描述一下对自己不满意的地方，她列举如下：

> 工作能力不错，但无法在一个地方待得长久；
> 人际关系不错，但常被人说不合群；
> 外表很和善，但其实脾气不好，偶尔会有自虐的倾向；
> 无法恰如其分地表达情感。

我问陶艺："你有没有发现，你欣赏自己和不满意自己的地方，其实大体相同，只是你换了一种表达方式？"

陶艺承认的确如此。

这一微妙的现象，说明了一个问题：陶艺并不真的认同现在的自己。她在辛苦构筑自我的同时，也不断地否定着自我。陶艺自己并不是没有意识到这种矛盾，她只是拒绝去正视。因为她是一个成年人，她用自圆其说的力量，包裹住了早年的伤口。

包裹起的伤口令我们暂时感觉不到强烈的疼痛，却并不代表它会自动痊愈。相反，这种包裹可能会影响我们认知与疗伤的过程，会带来更为长久的痛楚。

现在，让我们正视这一事实：陶艺其实并没有走出父母给她的伤害，她取得了经济上、生活上的独立，但情感上一直与父母纠缠不清。她的内心其实一直在追问：是不是我做错了什么？你们为什么试图否认我的存在？

她明白自己没有做错。可是，她真正想要的，是从父母口中获得这一确认。

但她找不到有效的方式。父亲已经去世，从父亲那里获得确认的可能性已经消失；而母亲，虽然与陶艺生活在一起，却仍然用礼貌、客气的态度，维持着自小就有的距离。

陶艺说："小时候，我觉得父母对我冷漠，但现在，我妈妈经常抱怨我对她冷漠。她甚至说，我是一个铁石心肠的人，没有同情心，不懂得心疼人。每当她这样说的时候，我总是感到很愤怒，可是我又无法反驳她的指控。"

我问陶艺："那么，你觉得自己的确是一个冷漠的人吗？"

陶艺回答："我爱的人都在抱怨我的冷漠。我面对感情，既不懂得拒绝，也不懂得挽留。我不知道是哪里出了错，也许，我就是一个没有能力去爱的人！"

我对她说："错！每个人都有能力去爱。你并不是不懂得爱，而是不懂得如何表达。因为，你的父母没有教会你表达爱的方式。他们用礼貌拒绝了你的情感，让你对表达情感这件事，有一种深深的恐惧。你不是不会去爱，你只是在害怕。你害怕自己就算做了一切，依然会遭到拒绝和伤害。你害怕别人根本就不爱你，所以，你事先拒绝了他人的爱。你下意识地选择了不可能有结果的情感对象，这样你就可以很容易地找到借口，无须对自己的失败负责。你最害怕的，其实是去面对'父母可能并不如你期待的那么爱你'这个事实！"

那天，陶艺在我的咨询室里放声大哭。对陶艺来说，这样的泪水值得欣喜。

因为，承认缺失，接受伤痛，这就是疗伤的开始。

▶▶ 在爱的过程中，重新学习爱的能力

家人，是我们在这个世界上最亲近的人。父母，也理所当然是最爱自己的人。如果不是亲眼所见，我们很难相信有这样的父母，居然会用一种礼貌的态度，将子女从家庭生活中隔离。

有一部奥斯卡获奖影片叫《普通人》，讲述了一个中产阶级家庭的日常悲剧。这是一个看似完美的四口之家，父母相爱，兄弟和睦。打破这个家庭平静的，是一场意外：两个儿子驾着父亲的船出海，结果遭遇风暴，弟弟幸运地获救，哥哥却再也没有回来。弟弟将哥哥的死归咎于自己，自杀未遂，被送进精神康复机构。当他康复归来时，却发现家庭生活再也无法回到从前。

问题出在母亲。母亲始终拒绝承认家庭的变故，也禁止弟弟放纵自己的伤痛。她要求家中一切如常，要求弟弟继续自己的游泳课程，全不顾这一切给自己的儿子带来多大的心理压力，以至于他再一次走到了崩溃的边缘。

弟弟终于痛苦地意识到：妈妈并不是因为哥哥的死而埋怨他、仇视他，而是他从出生开始就没有获得母亲的爱。母亲甚至也不爱父亲。在她的情感世界里，只有哥哥是唯一的珍宝，他带给了她欢乐和荣耀，失去了他，母亲也就失去了一切，再也无法将残存的爱分给其他的家庭成员。

母亲是残忍的，但也是最脆弱的。她用尽全力，甚至近乎冷酷地维持着家庭的运转，因为如果不保留这一假象，她就不得不承认自己已经一无所有。

爱，是一种双向的情感，不能付出爱的人，与不被爱的人一样痛苦。

影片的结尾，母亲收拾行李离开了家。父子两人坐在台阶上，等待着阳光的降临。

在我看来，这个结尾并不圆满，却蕴含着希望：家庭成员间仍然存在着天然的眷念之情，他们渴望在他处习得爱的技能，重新团聚在一起。

我希望楠楠的妈妈配合楠楠的治疗。楠楠的妈妈几经犹豫后才接受了我的请求。

在咨询时间里，她显得非常焦虑。她不断地列举他们夫妻俩为楠楠做的事，比如送她贵重的礼物，比如让她出国旅行，比如费尽心思给她找好的学校，等等。她不停地追问我，楠楠到底出了什么问题？楠楠还有没有治好的希望？她不停地看手机、翻杂志，给我看她丈夫发给她的短信，一会儿说自己有事要走，表现得就像一个局促不安的孩子。

这种焦虑与戒备，恰恰说明她意识到了自己的问题。她意识到，自己在家庭中霸占了女儿的角色，同时扮演着妻子和女儿的双重身份；她意识到，自己没能给予女儿一份正常的母爱，甚至自私地侵占了女儿与父亲的情感空间，深深地伤害了女儿。

当我把这一切直截了当地告诉她时，她哭了。

她问我，一切还能挽回吗？

从她的泪水中，我终于看到了她对女儿的爱。

我的答案是："不能全部挽回，但亡羊补牢依然会有好的效果。"

孩子成长的机会不能重来，成长中造成的心灵创伤是清晰存在的，但这也不意味着缺失的爱无法填补。毕竟对于任何孩子来说，获得父母的认可和爱都是一生的渴望。只不过，孩子现在已经成年，对于长期期待但未曾获得的情感也有些失望，所以目前在接受父母给予的情感时会有一段不信任、不敢轻易接纳（害怕接纳是表象，实质是害怕再次让自己失望）的过程。

对于大部分有过被"礼貌"伤害经历的孩子来说，虽然曾经被礼貌地隔离，但对父母的爱却没有消失。

这样一来，疗愈的钥匙已经转移到了孩子自己的手里。

此时父母最好的状态便是学习接纳孩子的爱。

我对陶艺说："你有没有想过，现在妈妈在你面前的怯懦，意味着什么？它其实在释放一种讯号：我知道我犯了一个严重的错误，但我不知道应该如何弥补，所以，我只能继续逃避。但你不能继续逃避。现在的你，已经远比母亲强大，你已经能够扮演爱的给予者的角色。当你去爱母亲，你们之间便建立起了全新的关系。这种关系，能为你补上人生中缺失的一课。"

陶艺怀疑我的建议，她问："照您的话，只要我学会去爱母亲，就能解决我自己的问题？可如果她再对我提出不合理的要求，比如再让我给哥哥还债，我还应该答应她吗？"

我回答："如果你真的爱她，就不会再因为害怕她不爱你，而答应她过分的要求；你也不必再为了证明自己是家庭的一员而委屈自己；你会因为这份爱变得更强大、自信。"

无论结果如何，尝试改变是我们处理问题的积极态度。

我们只能在自己去爱的过程中，学习爱的能力。

这份爱的能力，对我们来说弥足珍贵，只要它来了，不论早晚，都是我们人生中最珍贵的礼物。

我爱你，并不需要你如我爱你一般爱我。

这，就是爱。

“

爱，是一种双向的情感，不能付出爱的人，与不被爱的人一样痛苦。

对于大部分有过被“礼貌”伤害经历的孩子来说，虽然曾经被礼貌地隔离，但对父母的爱却没有消失。这样一来，疗愈的钥匙已经转移到了孩子自己的手里。

此时父母最好的状态便是学习接纳孩子的爱。

”

08 在婚姻中，照见你自己

你曾经把婚姻当成离开父母的最好理由。

你发誓，有了自己的家以后，绝对不会重蹈父母的覆辙。

可你却渐渐发现，父母的触角无孔不入，

伴侣开始抱怨，阴影日渐深重。

最可怕的，是你渐渐意识到，你在婚姻中扮演的角色，

越来越像你最讨厌的那个人……

都灵觉得，她快要被母亲逼疯了。这段时间，每当她要下班的时候，母亲总是会往她工作的报社打电话，唠叨关于她婚姻生活的种种。

这一次，电话的内容是："你晚上过夫妻生活的时候，记得垫一个枕头在腰下面，那样比较容易受孕。"

都灵实在忍不住，在电话里跟她吼："不关你的事！"

结果母亲在那边生气地说："这样的事，我不管你，还有谁会管你？你结婚也有这么长时间了，你老公年纪又那么大了，再不抓紧，生不出孩子来谁负责？"

都灵想说"反正不用你负责"，但声音卡在喉咙里。母亲似乎有些得意，又补了一句："我都是为你好！当初你不听我的话，现在尝到苦果了吧？"便挂断了电话。

这天是周末，按照惯例，都灵和丈夫要去她父母家吃晚饭。都灵实在不想去，可是，她刚走出卧室，母亲的短信又发了过来："今天堵车，你们不要开车过来，坐地铁过来。"

可是，丈夫的车已经停在楼下了。都灵便坐上车，与丈夫一起前往。一路上车果然堵得厉害，都灵和丈夫迟到了一个多小时。家里的饭菜早已摆在桌上，母亲冷着一张脸，在等着他们。

"不是说让你和爸爸先吃吗？"都灵埋怨道，"爸爸有胃病，该饿坏了。"

"饿坏了他不是我的责任，是你们的责任，"母亲说，"不是让你们坐地铁过来吗？故意跟我对着干，你们是什么意思？"

都灵想回嘴，被丈夫拉了一下衣袖。这顿饭都灵吃得食不甘味。饭刚一吃完，父亲便进了里屋。这情形，都灵也已经习以为常，多年前父亲便已诊断出患有抑郁症，从此绝少与家人交流。都灵不是不同情母亲，她是一个追求生活品质的女人，却因为造化弄人，嫁给了一辈子老老实实、碌碌无为的父亲。家里的大小事情，父亲都帮不上任何忙，母亲忙里忙外，大到都灵的上学问题，小到第二天穿的衣服，所有的事都是她一手操持，她将丈夫和女儿照顾得无微不至。就是因为母亲的辛苦，都灵经常想："能忍就忍吧，她毕竟是爱我的。"

都灵去厨房洗碗，出来以后，听见母亲在与丈夫交谈。

"你们最近有没有去看过医生？"

"没有啊，我们都好好的。"

"我不是说了让你们去看医生吗？你要跟小都讲，要告诉医生，你们想要快点生孩子。她那个子宫内膜异位是可以很快治好的，你们现在吃的这种药不好，跟医生说帮你们换种药……"

都灵气得差点晕倒。她不能忍受母亲就这样跟人谈论她最隐私的事，哪怕是跟她的丈夫。她气得连手都没擦，拖起丈夫就冲出了家门。上了车，她责问丈夫："为什么要跟母亲谈论这些事，这样做对她太不尊重！"

丈夫也很生气："你以为我想跟她讲啊？她是你妈妈，我应酬她是出于对你的尊重！"

都灵知道丈夫说得有理，但还是控制不住自己的情绪，与丈夫大吵了一架。最后，丈夫说了一句话："你有没有发现，你最近越来越像你妈！"

都灵惊呆了，她无法承受这样的指责。这么多年，她一直与母亲冲突不断，包括她嫁给现在的丈夫，最初母亲坚决不同意，甚至闹到要断绝母女关系，最后，还是因为都灵的坚持而让步。都灵以为，结婚以后，自己和母亲的关系能够改善，没想到母亲开始越来越多地干涉她的家庭事务，她和丈夫都一再忍让，直到不堪重负。

都灵结婚以后一直没有要孩子。的确，她有妇科病，丈夫年纪也大了，但都灵忽然明白，这些都不是真正的原因。

真正的原因是都灵害怕要孩子。

她心底最大的恐惧，便是有一天，自己成为像母亲那样的“母亲”。

你选择的爱情和婚姻，其实是一种自我肯定

《民法典》明确规定：每一个公民享有婚姻自由的权利。这其中包括结婚自由和离婚自由。

然而我们的婚姻真的能够自由地进出吗？

我们每个人都或多或少有类似这样的体验，就是，我们选择的爱人一定要过父母那关。民主型的父母可以做到，就算孩子的这个爱人并不是自己所喜欢或者看好的类型，还是可以给孩子留出充分判断和选择的空间，会让孩子自行处理他们的生活和婚姻问题。然而强势的父母，恐怕就不会给孩子让出这样的空间了。

先不说父母阻挠孩子自己选择结婚对象的原因，单纯从阻挠这个行为本身来看，就已经够暴力了。一边是自己的恋人，一边是自己的父母，无论怎样选择，都会造成伤害。

我曾经接待过一位婚姻濒临破裂的女性，她遇到的状况，与都灵很相似。不同的是，她已经被逼到了悬崖边，被迫要在母亲和丈夫之间做一个选择。原来，她的丈夫并不是她母亲满意的对象。结婚以后，母亲为她的家庭“约法三章”，其中有一条是丈夫的收入必须全数上交。

她忠实地履行了母亲的规定，而丈夫出于对她的爱，也尽量配合。丈夫把工资卡交到她手里，而她每个星期给丈夫发一次生活费。

他们离婚的导火索，是一个苹果。

丈夫在单位吃午饭，她按照每餐十五元的标准，给丈夫计算午餐费。丈夫提出，他想吃带水果的套餐，那样十五元就不够，请求将标准提高到二十元。而她则认为这个苹果完全没有必要，因为，她在家里给丈夫准备了很多水果，完全可以从家里带到单位，而不用吃那么贵的套餐。她甚至怀疑，丈夫是想存私房钱，就像她母亲说的一样，男人要钱，就是想变坏了。

丈夫终于爆发了。他跟妻子摊牌："你不能事事听你妈的，你妈已经严重影响我们的生活！要想继续和我生活，你就得跟你妈断绝来往，不然的话，我们只能离婚！"

我问她："你觉得自己会如何选择？"

她说："我可能会选择母亲。"

我问："为什么？"

她说："因为，我离不开她。"

原来，这位女士从小在母亲的严格管束下长大。从上学到选择工作单位，都是母亲一手操办。甚至成年以后，每天下班回家吃饭，母亲都会为她定好乘车的路线，先坐哪趟车，再坐哪趟车，一点都不容许出错。她的恋爱和婚姻是对母亲最大的一次违拗，为此母亲曾经一年没有跟她说话，她感到痛苦万分。直到母亲恢复了和她的来往，她才觉得生活又正常了起来。她知道自己无法再一次忍受那样的痛苦。

我又问："难道你从没想过，母亲这样干涉你的生活很不正常？"

她苦笑，告诉我，她知道这样不好，但是，她已经习惯了。

没有母亲为她安排一切的日子，她觉得生活里到处都是陷阱，自己无法处理任何事。离开母亲，她无法生活。

这位女士没有完成她的咨询疗程。因为她真的很快地做出了选择：她选择了母亲，跟丈夫办理了离婚。

这是我的工作经历中，最让我感到痛心的案例之一。

同为女性，我深深知道，她做出的选择，会令她此后的生活，与快乐和幸福绝缘。

所有的人，一生中都会生活在两个家庭：父母的家和自己的家。

婚姻，是一个人获得独立的重要标志之一。当我们结婚，组建了自己的家庭，其实就意味着我们与父母渐行渐远。

但世界上有太多的父母，用自己的人生经验、人生遗憾或者人生期待去干预孩子的婚姻选择。

干预的理由很多，但结果却毫无例外地让自己的孩子陷入痛苦之中。

上面所说的那位女士，便是一个典型的受害者。

她曾经坚持自己的选择而结婚，却因此陷入了深深的矛盾和痛苦之中。她告诉我，她总会觉得自己的幸福是建立在母亲的隐忍和伤心之上的。这样的情绪延续到自己和丈夫的关系当中，她就会觉得自己为这份感情做出了很多牺牲，并因此产生了在两性情感当中获得加倍补偿的期待。而只有这样的期待得到满足，她才会觉得自己“牺牲”掉的亲情得到了补偿。

但是，这对她的丈夫太不公平。丈夫与她结婚是因为爱，她却强迫丈夫与自己一起成为感情的负债者，要求丈夫与自己一起，配合母亲的要求，向母亲“还债”。最后，这段婚姻被迫中止。并且，对她造成了更大的伤害。

因为，我们选择爱情婚姻，其实是一种自我肯定。

她被迫放弃了这样的选择，伤害的不仅是深深爱她的丈夫，更是她对自我的认同。她不再相信自己有资格获得爱情，而只能继续在母亲的强大管束之下，过完她的一生。

替代补偿模式下的婚姻，无法给你带去幸福

在我的咨询生涯中，带着孩子前来咨询，并试图让我说服孩子改变其婚姻选择的家长大有人在。父母的理由很“简单”，那就是：我爱自己的孩子，不忍心看着他（她）往火坑里跳。

这种时候，父母挂在嘴边的一句话都是：这是为你好。

但这是真正的原因吗？

深层心理学对这个问题有另外的解释：父母希望通过干涉孩子的婚姻替代孩子的人生，让孩子替自己而活。

曾经有一对父母带着他们的女儿来找我咨询，他们三个人有三个诉求，女儿希望父母能够尊重自己对婚姻对象的选择，父亲希望女儿不要嫁给这个穷小子，母亲希望女儿选择自己看中的一个出身大家、留学归来的小伙子。

他们在我的咨询室里争吵和痛哭，我正要说话的时候，父亲突然暴怒起身，对一直喋喋不休的妈妈怒喝：“虽然我不同意女儿嫁给那个穷光蛋，但你看上的那个人也不是什么好玩意儿！你这么坚持，不要以为我不知道是为什么！不就是这个小白脸和当年甩了你，让你至今还念念不忘的初恋情人很像吗？你要死要活地逼着女儿嫁给这个人，不就是想让她替你完成当年的梦想吗？别以为我不知道！到底是女儿嫁人，还是你春心大动想重温旧梦？我看你就是个鬼魂想要上女儿身！休想！我找一个女婿，结果还找出情敌来了！”

父亲这段话让我实在吃惊。没想到，这个看似木讷的中年男人居然能够看到这么深层次的替代补偿的心理动机。

或许，这不是因为他有多聪明，而是因为这位母亲把她的遗憾在平时生活里表露得太多了吧。

在生活中，也有很多与岳母关系非常好的女婿。在某种层面上，他们都满足了岳母对自己婚姻当中一些遗憾的补偿。

自己生活艰苦的母亲不满意自己婚姻的经济状况，就希望女儿嫁给一个经济条件好的男人；自己受到家庭暴力伤害的母亲希望女儿嫁给一个好好先生；自己丈夫牢骚满腹、行为不果断就希望女儿嫁给一个阳光积极、有决断能力的男人……这样的状况比比皆是。

强势的母亲会因此横加干涉女儿的婚姻，从意识层面上说这是爱，她们害怕女儿重蹈自己的覆辙；从潜意识层面上说这就是替代补偿。人们都说“孩子是父母人生的延续”，她们便是在女儿的身上延续了自己对婚姻的期待。

但这样做往往是无效的，因为我们大部分人在成长的过程当中都会无条件地认同两个人，那就是我们的父母。在婚姻处理技巧方面，我们也会习得父母相处的方式。孩子是看着自己父母的婚姻长大的。作为父母，你若希望你的孩子选择一个和自己现实当中的妻子（丈夫）不一样的女人（男人），无异于让他（她）否定自己的异性家长。在大部分情况下，谁也不愿意自己的长辈是一个需要被否定的人。如果他（她）勉强接受了强势家长的安排，一方面会陷入因否定而产生的深深愧疚当中，另一方面也会因为自己的现实婚姻没有学习的模板，而使得婚姻中的磨合变得更加艰难。

当父母的，或许能够通过对孩子婚姻的决断来弥补自己当初的遗憾。但作为父母，你得到的，恰好是孩子失去的。

⏩ 婚姻是一辈子的事

我在电视台做过一期调解家庭纠纷的节目，大致是说一个老父亲把自己的儿子告到法院，起诉解决赡养问题。

但出乎我们意料的是，那位被众人唾弃的“不孝之子”在演播室里号啕痛哭。他说，自己从小到大穿什么、吃什么、几点睡、和谁交往、选择什么专业、做什么工作都要听父亲的安排，如果他有些自己的想法和行为，轻则被怒骂呵斥，重则被吊起来鞭打，甚至还会一天都没有饭吃。而现在这个妻子，其实也是父亲当初为他挑选的。父亲为他选择了一个从外地来北京打工的农村女孩，他和她本没有什么共同语言，但父亲说这样的女孩心不野、孝顺、听话。儿子虽然和这个女孩没有共同语言，但还是被迫接受了。然而父亲没想到的是，这个女孩虽然文化程度不高，却很有主见。一次，儿子要去参加同事的婚礼，父亲又对儿子衣服上的某个细节大肆批评指点，强迫儿子换一件衣服，这时儿媳妇突然说话了。她说：“爸，强子都三十好几的人了，这点事情他是有能力自己处理的，更何况他现在有我了，如果他有什么需要注意的或是疏忽的事情，我会帮他的。以后您不用这么替他操心了！”

在演播室讲述这段往事时，这个大男人一直拉着自己妻子的手。他告诉我们，当他妻子的这话一出，房间里立刻鸦雀无声。他自己也被弱小的妻子的话给吓到了。他战战兢兢地看着父亲，而父亲显然也很震惊，毕竟太多年没有人敢这样和他说话。沉默片刻后，父亲突然将巴掌抡向了儿媳妇。看着自己的妻子被父亲打倒在地，强子仿佛看到了自己成长中的点点滴滴，多年压抑的情感一下子爆发了。他把父亲推在一旁，把妻子带离了自己生活了三十多年的家。从此之后，他和妻子开始独立生活，再也没有回过父亲的家。

我并不赞成强子拒绝赡养父亲的方式，却理解他的苦衷。

从笼子里飞出的鸟，再也不愿意回到笼中。强子对自己曾经与父亲共同生活的岁月感到深深的恐惧，他害怕自己如果再回到那个家，甚至再次接近父亲，就会重新过上那种暗无天日的生活。

我想说，强子还是幸运的。因为他父亲控制他的手段并不高明，因此，他的反抗更容易找到明确的目标，也更容易成功。

但是，如果父亲不是用暴力对待他，而是“爱”呢?

就像一开始提到的都灵，她母亲干涉她的婚姻，理由是她的生育问题。她痛苦，却无法直截了当地拒绝这份“关心”。

就像那位被迫离婚的女性，她的母亲告诉她，男人一有钱就会变坏，让她认同自己的干涉，她甚至认为母亲真的是为自己好。

在干涉儿女婚姻的手段上，父母的“狡猾”，有时甚至超出我们的想象。我曾经见过一位母亲，只因为准女婿在家宴上喝醉了酒，说了一句“您放心，您闺女嫁给了我，以后什么工作都不用做，在家给我生孩子就行”，而痛骂女婿“为人轻浮”，逼着女儿与他分手。

还有的父母会从激烈反对子女的婚姻转变到全盘接受，而那只是换了一种干涉的形式。曾经有一位咨询者，因为母亲带孩子的事情而痛苦不堪。母亲一开始并不赞同她与丈夫结婚，却在他们生了孩子后主动提出帮忙，与他们住在了一起。她一开始很感激，但渐渐变得无法忍受，因为从那以后，她和丈夫每天吃的东西、穿的衣服，甚至洗澡的时间，都要由母亲规定。

而我们，遭遇这样的情形，会有足够的智慧和勇气从父母身边逃脱吗？

幸亏，我在生活中遇到过成功的例子。

那是我的一个朋友，多年前，她因为恋爱失败选择了出国。前些日子，她与丈夫打算回国生活，但回国不到一个月，就改变了决定，再次出国，并且决定在国外定居。

她告诉我，这样做是因为她的母亲。

她与现在的丈夫是在国外认识的。因此，丈夫与母亲的关系自然有些疏远。回国之后，她与丈夫忙着见各自的朋友，忽略了母亲，母亲很不满意。有一天，她和丈夫参加完一个聚会回家已经是凌晨两点，回家打开灯，发现母亲不知什么时候到了他们家里，一个人坐在沙发上流泪。

把母亲送走后，丈夫对她说：“你必须做一个选择，在我和你母亲之间。”

这是一个听上去让我们觉得耳熟的选择题。但这位朋友，最终选择了自己的丈夫。

她对我说："我信任我的丈夫，他是一个冷静而理性的人，是我人生的伴侣。我也想到之前我自己失败的恋爱，那是因为在我心里总有一种恐惧，觉得自己恋爱结婚就会离开母亲，因此，下意识地找了一个最不靠谱的对象，也自找了那些伤害。但现在，我不再恐惧了，因为我的丈夫会陪我度过这一切。"

我问她，"那你这样离母亲远远的，不会舍不得吗？"

她说，"的确会舍不得，也会有很多不适应。因为我放弃的，是母亲用自己的全部精力、资源结成的一个安全网络。"

她告诉我，她回国以后，母亲马上帮她找到了一个很好的接收单位。母亲甚至给她列了一张人名清单：将来，要做项目去找谁，生孩子找谁，生病找谁，孩子入学找谁。甚至，母亲连自己死后，女儿应该找谁去办事都交代得一清二楚。因为她需要看到女儿的人生沿着自己铺好的轨道，一丝不差地进行下去。

这些，全都是"爱"，但同时也是最深的束缚。

这些安稳和便利，要用一样东西去交换，那便是：自由。

婚姻是自由的，只有在自由的选择之下我们才能够感受到婚姻的幸福与甜蜜。

如果我们的婚姻不能够自己做主，恐怕我们的人生也不能够自己做主。

如果是这样，那我们究竟是谁？我们为什么要活着？我们完成的是一个人的生命历程，还是满足父母的欲望？

我们爱父母，一如父母爱我们。但是，当这份爱令我们不能享受自己自由的人生，也许，就到了离开的时候。

离开并不是不爱，而是为了更好地爱：作为一个独立、完整的人去爱父母，而不是作为他们的附属。

我想对天下所有的父母说，如果你爱你的孩子，请让他们自己选择人生，哪怕他们的选择最终会带给自己伤痛和遗憾，但至少我们尊重了一个生命体的最基本需求，那就是：自由。

“

大部分人在成长的过程当中都会无条件地认同两个人，那就是我们的父母。在婚姻处理技巧方面，我们也会习得父母相处的方式。孩子是看着自己父母的婚姻长大的。

当父母的，或许能够通过对孩子婚姻的决断来弥补自己当初的遗憾。但作为父母，你得到的，恰好是孩子失去的。

”

09

改变谁，都不如活成你自己重要

你的成长中，一直有一份隐痛。

你无法像其他人一样，对异性产生自然而然的感情。

你知道这不是病，可你仍然感到巨大的压力和痛苦。

你的内心在追问：为什么，我会变成这样？

王梓永远也忘不了发生在她九岁那年的一件事。

妈妈领着她，还有舅舅、姨夫等一大帮人，踢开了一间房门，当着她的面，将赤身裸体的爸爸和另外一个女人从床上拖下来，痛打了一顿。

那件事之后，爸爸回到了家里，有一段时间，日子过得很平静。可是，他很快又故态复萌，在外面找女人，甚至偷走妈妈辛苦做生意赚来的钱给那女人买了一辆车。

十二岁那年，爸爸妈妈终于离了婚。妈妈抱着王梓，哭着说："孩子，男人都是靠不住的，你跟着妈妈，妈妈会对你好。"

自然而然，王梓选择了和妈妈一起生活。因为爸爸是"二流子"，是个靠不住的家伙，是个伤透了妈妈的坏人。她永远也忘不了爸爸光着身子被人痛打时，自己感受到的屈辱。她忘不了爸爸又一次出轨时，妈妈那痛哭流涕的模样。离婚之后，爸爸还会来找妈妈要钱。有一次爸爸来时，妈妈正好不在家，王梓便将爸爸推出了家门，她冷冷地对爸爸说："我没有你这样一个不要脸的爸爸，请你从我们家滚出去！"

自有记忆开始，王梓就一直留着短发，也从不穿裙子。她性格直爽火爆，爱和男孩子们称兄道弟。高一那年，班上转来一个很漂亮的女生，高年级一个在社会上混的男生开始猛烈追求她。那个女生是个乖乖女，很害怕，不知从哪儿听说王梓和那个男生是"兄弟"便来向她求助。

王梓帮那女生"解决"了这件事。女生为了感谢王梓，请她吃饭看电影。看完电影已经很晚了，王梓和那女生走在街上，女生很自然地牵起了她的手。当那个女生靠向她的肩头时，她居然全身战栗，恋爱般心动的感觉，在那一刻轰然降临。

王梓和那个女生“谈恋爱”了。可这样的关系让她恐慌，她想要改变，很快和那个女生分手，甚至和一个男生谈恋爱。可是，她无法控制自己的感受，她发现自己就是喜欢女孩子。当男生拥抱她的时候，她甚至感到恶心想吐。她在网上查了很多关于同性恋的资料，确认自己属于女同性恋者。她感到莫名的绝望。

王梓终于将这件事告诉妈妈。妈妈当然震惊和伤心，可她没有责怪王梓。她对王梓说，换个环境可能会好些。王梓于是到外地上大学。可是在大学里，越来越多的人传言，说王梓是个女同性恋。同性恋的女生主动接近王梓，都被王梓拒绝。可是，王梓发现，自己不可控制地喜欢上了同宿舍的一个女生，她是南方人，长得很娇小，平时也不怎么说话，一副柔弱而小鸟依人的模样。一开始，那个女生和王梓走得很近，一起吃饭，一起逛街，都是王梓给她花钱。可是，当王梓鼓起勇气向她表达了自己的喜欢时，她却哭了起来，说王梓是变态，还申请换了宿舍。

王梓伤心极了。可她一点儿也不怪那个女生，她觉得，也许自己是真的变态了……她害怕自己过了二十岁，就再也变不回去。妈妈心疼王梓，问她要不要找心理医生。王梓很抗拒，她觉得自己没有病，可是，如果不去看医生，是否这辈子就都无法结婚，无法过正常的生活，只能被人骂成“变态”呢？巨大的心理压力下，王梓自杀过一次，她在房间里割腕，鲜血染红了被子。

王梓是被妈妈送进医院的。她醒来的时候，妈妈抱着她痛哭，说："女儿，你再也别做傻事了，好吗？无论你是什么样，妈妈都爱你。如果你这辈子不嫁人，就跟着妈妈过，妈妈养你一辈子！"

王梓咬着嘴唇，厌恶地推开了妈妈。她忽然又记起九岁那年的事，在意识模糊的那一刹。她前所未有地痛恨着妈妈，她觉得这一切都是妈妈造成的……

即使是被制造的人生，也应该幸福

王梓第一次来到我的心理咨询室是和她的表姐一起来的。

我的助手告诉我：今天咨询的女孩到了，跟她弟弟一起在里面。

这个让人有些啼笑皆非的误会，却也从侧面说明了王梓是多么像个男孩。

咨询期间，王梓一直对我说："柏老师，我真的不想当同性恋，我想过正常的生活，想结婚，生孩子……"

她的迫切，令我心酸。

首先我们要明确，同性恋不是病。

1973 年，美国心理学会、美国精神病学会将同性恋从疾病范畴中排除；

1993 年，世界卫生组织将同性恋从疾病范畴中排除；

2001 年，《中国精神障碍与诊断标准》第 3 版中，不再将同性恋列为疾病范畴。

同性恋是人类正常恋爱的类型之一，是指一个人在性爱、心理、情感上的主要兴趣对象为同性别的人（无论这样的兴趣是否从外显行为中表露出来）。

然而，在社会生活中，同性恋者被"另眼相看"的事实，却依然存在。

我不是社会学家，并没有将太多的精力放在研究同性恋这个社会族群上。我接触更多的是因为自己的性取向而苦恼不堪、迫切寻求着改变的同性恋孩子；或因为子女的同性恋倾向痛苦不堪而前来求助的家长。

在各个国家不同时代的科学研究中，针对同性恋的研究一直存在着。对于同性恋形成的原因，有先天基因遗传影响、后天环境影响等多种学术观点。

我不是医生，无法从遗传角度给予清晰的描述，但在多年的心理咨询过程中，至少就我所接触的案例看来，很大一部分的同性恋者身上，有被环境影响的痕迹。

而这一环境的主要影响源则是家庭。

从王梓的故事里，我们可以清楚地看到这一点。王梓记忆中最深刻的一件事，就是妈妈领着娘家人将爸爸捉奸在床。

在咨询过程中，王梓一直不停地提到："妈妈太可怜了，被爸爸骗；在生意场上和男人打交道，真的好辛苦。我从小的愿望，就是长大以后保护妈妈。"

妈妈在用自己的人生作为例证，不遗余力地向女儿传达这样一个观念——做一个女人是危险的。

为了保护妈妈，保护自己，王梓为自己做出了选择：要当一个男人。

我还曾接待过一个二十五岁的女性，她是被妈妈"绑架"来做心理咨询的。

她从小在妈妈和姥姥身边长大，按照一般的观点，本应成为一个很“女人”的女人。但是，她却也和王梓一样，成了一个无论是外表、气质还是行为方式都很男性化的女孩，也在女同性恋关系中扮演着男性的角色。

和王梓不同的是，她对自己的性取向没有异议，非常抗拒妈妈强迫她来做心理咨询。

她告诉我：“我的妈妈和姥姥都是非常柔弱的女性，手无缚鸡之力，而且经常生病。我从小到大，最害怕的就是家里有重活、体力活要干的时刻。每到那时，妈妈总是会长吁短叹，说自己命不好，甚至情绪失控地大哭，而姥姥也只能抹着眼泪在一旁劝解，一边劝，一边转头对我说：‘我和你妈妈身体都不好，这个家，只能靠你了。’”

在这样的环境里，她很小就学会了换灯泡、修保险丝、通下水道、修马桶等在一般家庭里男性才会干的活儿。她最得意的事，就是十六岁那年，单独将一罐液化气从气站拖回了家。

这个孩子在咨询中也说了一句让我很心酸的话，她说：“我必须让自己变得很强大很强大，才能照顾好妈妈和姥姥。”

她一开始是无奈，后来却略带骄傲地扮演起了自己家庭中缺失的那个角色：父亲。

我还曾接触过这样一个案例：

一个十七岁的女孩子洋洋，因为和一些所谓的“社会青年”混在一起，动不动就与人打架，几乎被学校开除。

她因为成长问题被送来做心理咨询。我很快了解到，她是一名同性恋者，她最近一次打架的原因，是为了保护她的女朋友。

而接下来，洋洋对自己身世的陈述，几乎令我落泪。她告诉我，她从小就知道自己是被领养的。养母和养父又因为感情不和而离婚。后来，养母很多次都动过将她送人的念头，这是她童年最为恐惧的噩梦。养母要将她送人的理由里，就有一条：因为她是女孩。

洋洋告诉我，她一点也不怪养母。因为养母一个人生活不容易，如果她是个男孩，也许一切都会好起来。

而从小就无人能够真正保护自己、接纳自己的洋洋，不得不成长为一个超越自己性别的人，因为只有这样，她才能不受别的孩子的欺负，不在养母一次次要把她送人的过程中崩溃。

洋洋扮演的是一个能够拯救自己的男人。

同性恋倾向的形成，当然有遗传、生理方面的原因，但环境，尤其是家庭的影响，不容小视。同性恋者并不是都需要改变的，但为自己的性取向感到痛苦，有强烈改变意愿的，例如王梓，则可以尝试用家庭整体治疗的方式，正视自己性取向的成因，寻求改变的契机。

遗憾的是，王梓的母亲拒绝了我请她与王梓一起治疗的建议。

我表示理解，但又感到痛心。

很多家长都会在孩子成长的过程中，将自己的情感缺失、情感需求过多地投射到孩子身上。以王梓的母亲为例，她对王梓不可谓不好、不爱，却将自己对王梓父亲的怨恨化为一种更隐性的“男人都不可信任”的信息传递给了王梓；她对王梓非常关心，打拼事业想让孩子有个好的家庭条件，却又在同时向王梓强调着一个人打拼多么不容易，她多么需要有人关心和保护。她在情感上不易察觉地绑架了孩子。她做得最过分的事，当然是带着王梓到“捉奸现场”，她这样做，与其说是想加深王梓父亲屈辱的感觉，倒不如说是想通过羞辱王梓父亲的孩子，来报复对方令自己受辱。

王梓的内心有很强的改变动力，却又充满了恐惧。她不敢尝试着做一个完全的女孩。一方面，她害怕如果自己成为一个完全的女性，就会如母亲一般，被男性狠狠地伤害；另一方面，如果她真的成了一个百分之百的女孩，还能像现在这样，爱母亲、保护母亲吗？

与其他典型案例一样，在这个个案中，我认为更需要接受治疗的其实是王梓的母亲。

内在成长的要义：认识你的阿尼玛和阿尼姆斯

心理大师荣格曾提出著名的“阿尼玛与阿尼姆斯”理论。

他认为，阿尼玛为男性心中的女性意象，阿尼姆斯则为女性心中的男性意象，因而两者又可译为阴性基质和阳性基质。换句话说，每个人在出生的时候，心理上都同时具备男性特质和女性特质。

如果说我们将自己可以公开展示给别人看的外部形象称为“外貌”，那么与之相对的，男性心中的阿尼玛（女性意象或女性特质）与女性心中的阿尼姆斯（男性意象或男性特质）则可看作是个人的内部形象，即“内貌”。

当我们做着和自己外在性别相符的这个自己的同时，也在通过一些外部环境条件来释放自己内心深处（潜意识里）另外一个性别的能量。

我曾接待过一个男同性恋者，他称自己为“奥特”。

他对我说，他来做咨询完全是为了迁就父母，因为他确定自己是一个先天的同性恋，因为“我从小就是这样”。

我对他说的“从小”这个词很感兴趣。

奥特在七岁之前，大部分时间是和爷爷奶奶度过的。爸爸很少出现在奥特的幼年成长过程当中，而爷爷又是一个垂暮的老年男人。对于一个幼童来说，奥特很难从爷爷身上感受到旺盛的男性力量，也很难从他身上找到适当的性别学习模板。

后来，奥特回到了父母的身边，而父母总是不满意他，说他性格软弱，像个女孩子。

奥特说："我记得，我两岁的时候在外面跟别人玩，摔了一跤，蹭破了很大一块皮。自那之后，我爸就不让我出去跟别人玩了，说我会被别的孩子欺负，他说我就是那种被人欺负了也只会躲起来哭的人。"

和同龄孩子出去玩而受点小伤，本是所有孩子都会遇到的平常事，但奥特的父亲却在这样的小事上借题发挥，有意无意地向孩子传达了以下的潜意识信息：你会被别的孩子欺负；你是那种被人欺负了就只会躲起来哭的人。

"你会被别的孩子欺负"，暗示奥特是群体当中会被欺负的那一个，奥特是没有自我保护能力的人。

"你是那种被欺负就只会躲起来哭的人"，暗示奥特被欺负之后就只能像一个无助柔弱的小女孩那样哭，而不会像男孩子那样和欺负他的人打一架。

爸爸为何会给予自己儿子这样不恰当的暗示？

原来，奥特的父亲是一个体力劳动者，为了赚钱养家，感受到了太多作为男人的辛苦和不易。出于对儿子的疼爱，父亲在本能驱使下，剥夺了儿子用男人的方式去处理两三岁时期有可能面对的挫折与矛盾的机会。

换句更简单的话来说，就是爸爸自己做男人很辛苦，所以他想让儿子做男人这个事实来得晚些、再晚些。

奥特苦笑说，父亲是个粗人，也许只能通过这种方式，表达自己的爱。

咨询中，奥特也提到了自己的母亲。他说："我妈对我的教育方式可以用三个字总结，就是：骂、吼、打。有一次，我丢了钥匙，我妈让我对着门站好，转身去拿木棍。我慌了，打开门就跑。"

黑暗中奥特慌不择路，跑进了门前的死胡同，躲进厕所，还是被追来的妈妈揪了出来，拖回家打了一顿。

妈妈这样的行为，让内心原本就很脆弱的奥特在性别角色认同的过程当中，产生了对于异性的强烈恐惧。女人在奥特内心当中的形象并不是温暖的、柔软的、幸福的，他又怎么能在成年后将自己的幸福感建立在和某个女性交往的关系之上呢?

对于一个男孩来说，自己是个勇敢坚强的男人，那么环境当中衬托自己坚强勇敢形象的对象，即成为释放内心异性力量的渠道。比如，男孩子很小就会保护或者欺负女孩子，他们通过这样的行为完成对自己性别角色的确定，并且将潜意识当中的阿尼玛进行合理地释放，转移到外界环境当中。

而在奥特的成长过程当中，由于父母对他和外界接触持一种拒绝态度，从而阻断了奥特大众化的性取向成熟发育。而母亲对他的教育方式，又切断了他成长中释放软弱、温柔的渠道。

奥特在做着自己内心的阿尼玛，而他寻找到的爱人同志，或许才是真实的、充满男性刚强的奥特。

以上我们谈及的多是父母不恰当的心理暗示和教育方式影响孩子性别认知的案例。而家庭对孩子性取向的另外一个影响因素，则是环境当中的模板效应。

我们常说，性别是一种遗传，也是一种学习。一个女孩子，如果父母从小教她使枪弄棒，她自然会像个“假小子”；一个男孩子，如果从小穿花裙子、梳小辫，以教养女孩的方式教养他长大，灵魂深处，他也会将自己当成一个美丽的女子。

心理学界一般认为，幼儿在成长到一岁半左右的时候，开始对自己的性别有比较主动的意识；两到三岁时，则建立起自身心理上的安全感。孩子会模仿和自己同性别的爸爸或妈妈所具有的一些性别显性特征。儿子也许会模仿爸爸抽烟的动作，跷二郎腿，骂脏话；女儿偷穿妈妈的花裙子，涂口红，甚至会学妈妈把卫生巾垫在内裤里。

这个阶段，是人对自己性别认同的最早也是最重要的阶段。而很多家长，却会在有意无意中，出于自己的情感需求，改变孩子性别学习的进程，或无法提供强有力的性别模板，从而影响孩子日后的性取向。

▶▶ 重要的不是改变，而是接纳

在我接触过的同性恋者寻求咨询的案例中，最令我感到沉重的，是一个男孩的故事。

这个男孩，在大三的时候，向妈妈坦白了自己的性取向。妈妈听完他的陈述泪流满面，却又问了一个令他无法接受的问题：“孩子，你能改吗？”

他对我说：“当时妈妈看着我的眼神，就好像看着一个怪物。我摇摇头说：‘对不起妈妈，这是天生的，我努力过，但改不了。’”

妈妈的眼神里顿时充满了绝望。这绝望让男孩无法忍受，他冲出了家门。就在男孩离家出走的那段时间里，妈妈自杀了。她留下的遗书只有三个字：对不起。

妈妈的死，成了男孩背负一生的十字架。他为自己的冲动离家出走而后悔，甚至觉得自己成为同性恋者是有罪的。在这种罪恶感之下，他无法正常地寻找一个同性恋人，却又因为无法压抑自己情感和生理的需求而痛苦不堪。

我问他：“你觉得，如果妈妈在天堂里看着你，她会接纳现在的你吗？”

这个问题仿佛击中了他，他顿时泪流满面。

最后，他泣不成声地说：“这是我一直以来最想问我妈妈的问题，可是，我没有机会了。”

而我还记得另外一个案例，也是发生在儿子与母亲之间。

2009 年 8 月，一个闷热的下午，一个男大学生被他妈妈带来我的咨询室，因为他告诉妈妈，自己是一名同性恋者。

妈妈的诉求是让我看看她儿子是否还有救。

我向这位妈妈讲述了一些关于同性恋的基本知识以及成因，之后，妈妈沉默了许久。最后她说："虽然我也是大学毕业，但你所说的这些知识对我来说完全是陌生的、崭新的，我不确定我是不是真正地理解，也不确定我是不是完全可以接受。但有一点我很清楚，那就是我儿子这样的状态是由多种原因造成的，绝对不是什么精神疾病。明白这一点，对我来说已经足够了。只要我儿子是健康的，只要他不违法乱纪，那他觉得怎样生活更加幸福，他就怎样去生活，我尽量理解和支持。我只想要我儿子幸福。"

那个一直很忐忑地坐在妈妈身边的清秀文弱的男孩子，听到妈妈的话之后，将妈妈紧紧抱住，失声痛哭。

我很为这位男孩感到高兴，与此同时，却加倍地为那位失去母亲的男孩感到心痛。我知道，孩子成为同性恋者，对于大多数家长来说，都是难以接受的一件事。一些家长往往也会从自己身上找原因，觉得是自己影响了孩子的性别选择，这就能理解为何那位母亲自杀时会留下"对不起"的遗言。

作为父母，不拒绝向孩子的成长提供他（她）进行性别角色认同的可能，不去否定孩子成人后的性取向，这一点非常重要。

但人性的发展，并不会因为外部的接受或者拒绝而中断，它有它自己形成和进化的轨迹。如果孩子真的成了同性恋者，父母最不应该有的反应就是出于自责或愤怒而用更过激的行为进一步伤害孩子。

因为，对大多数同性恋者而言，他们已经承担着来自社会的许多压力，他们希望从家人那里获得的，不是改变的压力，而是接纳的包容。

我们常说，父母的爱是无私的。无论孩子怎样，父母都会一如既往地爱他（她）。那么，在这份无私的爱里，为什么不能加上一条：无论孩子的性取向如何，父母都会一如既往地爱他？如果我们不把孩子当成我们的荣誉奖章或成功展示品，那么为何我们不能尊重孩子的性取向？完全地接受自己孩子是个同性恋者的事实，这对每一个有此阅历的父母都是不小的考验。

然而，这两个男孩、两个母亲的故事告诉我们，拒绝承认只会带来更大的伤痛。对于爱，以及爱所带来的考验，我们除了接纳，别无他途。

（注：因考虑主旨与篇幅，本篇章所阐述的性取向发展成因仅涉及家庭教育一隅。在性取向的形成过程中，还存在遗传基因的影响、社会环境示范作用的影响以及生理结构发育异常等因素。同性恋的形成原因并不仅仅限于家庭教育，请家长和读者朋友们不要误解。）

“

如果说我们将自己可以公开展示给别人看的外部形象称为“外貌”，那么与之相对的，男性心中的阿尼玛（女性意象或女性特质）与女性心中的阿尼姆斯（男性意象或男性特质）则可看作是个人的内部形象，即“内貌”。

接纳你自己，才能活成你自己。

拒绝承认只会带来更大的伤痛。对于爱，以及爱所带来的考验，我们除了接纳，别无他途。

”

后记
POSTSCRIPT

愿你早日开启自我觉醒的旅程

在写作这本书的过程中，我几度停笔，又几度鼓起勇气继续。

这是我写得最辛苦，也最痛苦的一本书。

作为心理工作者，不应该被来访者的情绪所干扰，否则就会受到“不专业”的质疑。可是，当我在写作过程中梳理这些年接触到的案例，心情却始终不能平静，甚至会因为太过激动而潸然泪下。

我记得写到最后一章时，大概因为天气炎热，我感到烦闷不堪。坐在电脑前，面对打开的 Word 文档，忽然恨不得将自己所写的全部文字都删去。我对着客厅高声喊：“电视声别开那么大，烦死了！”但话音刚落，我便猛然警醒，我问自己：“为什么你会如此不安？”

其实在我心里，一直都知道那个答案。

这并没有什么错，更不是什么耻辱！我们每个人身上，都多多少少携带着爱的伤痕。在一生中，我们渴望爱，寻求爱，被爱祝福，也被爱伤害。爱，携带着强大的生命能量，也带来毁灭的气息。

如果，我们是与原本素昧平生的人坠入情网，那么，这份爱，我们会考虑、会选择、会懂得趋利避害、会运用理性去控制，就算受伤，也能竭力地从中获得正面的体验和个人成长。

但如果那份爱和控制来自父母，我们就不得不接受、不得不感激，而缺少了一份选择权，多了几分宿命的味道。

如果那份爱和控制与我们自我成长的力量相悖，便会给我们带来极大的痛苦，那份痛苦无法与人分担，甚至无法倾诉，因为我们的生命从父母的生命中来，否定父母便像杀死了自己。

十七岁的时候，我曾经有一只心爱的小鸟，它在我最孤独的时候陪伴我，给我带来了仅有的欢乐。但最后，我亲手摔死了它，因为我觉得，它被关在笼子里而失去了飞翔的能力，实在太过痛苦，而我唯一能帮助它的，就是结束它的生命。

在写完这本书时，我才真正敢于承认、面对：其实，我当时想结束的是我自己的生命。

我心痛如绞，但又如释重负。

我知道，自我觉醒的第一步，便是承认、面对。

我面对了我自己。这是我一个人的疗愈。

作为心理工作者，最痛心也最不愿意看到的现象就是：曾经的被害者，却在漫长的岁月中将自己受过的伤害合理化，与伤害纠缠不清，最终成为有心或无心的施暴者。

就像曾经遭受过家庭暴力的男孩，更容易成为家庭暴力的实施者；曾经受过家庭暴力的女孩，却有更大可能找一个具有暴力倾向的男友或丈夫，进而让自己的孩子，也陷入痛苦的家庭暴力循环中。

有人将这样的现象称为“魔咒”，而心理工作者的义务就是将这“魔咒”打破。

在写这本书的过程中，我翻阅了大量资料，也曾经彻夜泡在网上，看着网友痛诉父母的帖子，每个人的痛苦，都那样触目惊心。但最后，一位网友的话深深打动了我，她说：

“我写这篇文章，不是为了谴责父母，不是为了表达愤怒，不是为了博取同情。而是希望曾经受到伤害、现在已经长大的孩子们，在看完这篇文章之后，能有勇气面对我们内心的伤痕，化解对上一代的怨念，尽力自我修复，快乐生活。也希望更多成为父母的人们，反省成长中受到的伤害，不要让它再伤害到我们的下一代。”

她说得太好了！

我甚至觉得，我已经无须再写这篇后记，因为她已经代我说出了我的心声。

爱，从来不是将自己的愿望强加给对方，从来不能强迫对方必须接受，更不是控制、利用、束缚，不是单方面的依赖。

爱，是尊重对方独立的人格，让他更有力量获得正面的成长。

不论是在两性关系中，还是在父母与子女的关系中，爱的要求始终未变。

父母就算再爱子女，也要记住，子女不是你，而是他们自己。

子女就算再爱父母，也要记住，你首先要做好自己，才有能力去审视、承担、回应父母的爱。

因为我们相爱。